獻給親密愛人的性愛按摩圖解指南

Sensual Massage

手愛

陳羿茨◎著

【自序】

我愛性愛按摩

它既可以讓你換個方式做愛，又能讓兩個人都很開心。男人接受一場按摩洗禮有機會獲得多重高潮，女人則可以在另一伴細心按摩之後，享受身心同時滿足的強力高潮。

　　無論男女都想在親密關係裡追求更好、更愉悅的互動，性愛按摩可以助人一臂之力，所以不少人願意嘗試、樂意學習。在我的課堂上就有各式各樣的人來學這項「好手藝」，譬如有個熟女專程從伊朗飛回台來學整套性愛按摩，為的就是脫胎換骨、回去重新勾引那個和她曖昧超久的大商人；也有空姐特地學了之後再飛到英國大戰她的英倫情人；還有絕世大美女學回去和男友大玩一整晚，一整晚唷！讓我印象最深刻的，是那位從澳門來的商務紳士，為了取悅他的老婆特意飛來求救，這個新好男人「手」一舉，便讓他們久旱的親密關係降下一場甘霖來了，呵呵。

　　性愛按摩，就是這麼棒！它既可以讓你換個方式做愛，又能讓兩個人都很開心。男人接受一場按摩洗禮有機會獲得多重高潮，女人則可以在另一伴細心按摩之後，享受身心同時滿足的強力高潮。這就是像我這樣對性學有高度熱忱的人喜歡它的原因。任何能夠幫助人在性這件事上更快樂的嘗試，只要在能力範圍內我都不願放過。

　　從事性教育多少年，我就教了多少年的性愛按摩，這個堅持一直不變，大家聽到我在教性愛按摩時的表情與反應倒是不停地在變化，以前會有媽媽級的女人口苦婆心說：「怎麼一個大女孩在教這個，妳家人知道嗎？」現在則會有一大群熟女狂熱又歆羨地說：「哇塞，妳男朋友一定很幸福！」各形各色的女人以及好男人的代表們，無論是鰥寡孤寂還是幸福美滿，聽到性愛按摩，非但沒有聞之色變，反而個個眼開眉展、為之神往，湊得更近。

事實上，性愛按摩不只深受現代人喜愛，古人也對這項手技很重視。在中國許多古籍裡都記載了各種不同的閨房教戰守則「房中術」，不過，不論是哪門哪派，都會在一開始就強調「前戲要用手愛撫」。所以，不管你是皇公貴族還是平民百姓，都要聽從這些房中術導師的諄諄教誨，要以安撫女性的身體作為性愛的前奏。古印度性愛藝術經典──《印度愛經》（Kama Sutra），更在全書一開始就點出「前戲的重要性」（這些古代性學家真是有志一同），雖然它只在拍打和擁抱這兩款前戲指導守則裡，含蓄地提及雙手的輔助功能，卻也提醒了許多追求愛情的後代子孫們，觸摸和愛撫等手技在愛情關係裡的重要性。

　　一段美好的性愛按摩能讓你對做愛這件事有所改觀，為你帶來不同層次的身體經驗，更可以增強你和愛人之間的心情連繫，我把多年來的研究心得和教學經驗寫成《手愛》這本書送給你，希望你在學會調情性愛按摩重要的手法、心法之後，也會跟我一樣開心的喊出：「我愛性按摩！」

性教育家　陳彩娸

目錄

增進親密關係的新點子

為什麼要學性愛按摩？

因為，你可以從性愛按摩的練習中，學到許多觸摸的技巧；也能透過性愛按摩擴展你的身體感受到的愉悅能力；更棒的是，還能增進你和愛人之間的親密感。

我從小就被說是個「很會按摩的人」，爸媽都愛叫我幫他們按摩，記得當時也樂在其中。曾幾何時，我已不再喜歡幫他們按摩了，思索了好久試圖理解原因，當聽到心底的小小聲音，才知道原來我是不喜歡被命令，就算這件事是我擅長的也不例外，而且，當時年紀小，只知道捏（捏肩膀）和搥（搥背），兩種按摩方式，交替使用久了也會感到無趣，更何況這種按法結束後經常是累人的。

仔細想想，這樣的經驗和長大後在親密關係裡的按摩互動有很多相同之處，原本是很貼心地想讓愛人開心，但相處久了，對方的反應也愈來愈不客氣，每次出手，就被指使「壓這」、「壓那」，原本自主的行動，變成了不自主的活動，更何況是用來對付體型總是比自己高大的身體，每按一輪，就要累掉半條小命。

你是不是也常有這樣的心情：生氣時，幫對方按個肩膀都懶，感情好的時候，又會想和對方多一些親密的身體互動，不論是希望愛人對你做，或你為他做。按摩可以為感情加溫，但最忌負面情緒，當你情緒不舒服時，可千萬別再繼續下去。

要進行一場良善的親密按摩，得把情緒不佳的癥結找出來，然後解決它。我們可以試著這樣做：

1. 如果你是氣對方嘮叨不停，可以找個彈性布把他的嘴巴封起來，甚至再拿另一條絲絨布蒙他眼睛，現場來個簡易版SM性愛接觸。倘若他是個尚可溝通、有溫柔

心的人，那就在按摩前柔情地請他閉嘴，告訴他：「請你只要專心感受我的觸摸，別做任何指導動作！」

2. 如果你是氣自己的手太僵硬，那麼可得常為你的手拉拉筋、作作伸展操、讓它們跳跳舞等等的娛樂活動唷。或者直接找個老師訓練一下，性能學園就有手技很屬害的老師。

3. 如果你是氣自己不知如何變化手勢了，本書提供多種手法任君挑，這麼多種手法，想必能讓你開心好一陣子，我每次學到新手法時，就會開心地實驗再實驗，希望你拿到這些法寶時，也能在每次的練習中，重獲快樂。

請善用本書所介紹的三種調情性愛按摩技術，這三個部分各有各不同的好處，可以整合也可以分開使用，運用時機更是可以在熟稔後隨意變化：

1. 親密按摩（Intimacy／Sensual Massage）：增加親密感受。
2. 挑逗按摩（Flirt／Tease／Seductive Massage）：挑逗對方。
3. 性愛按摩（Erotic／Sex Massage）：顧名思義，這就是性器官的高級享受。

此外，還有很多的按摩小訣竅遍及全書，但是最重要的還是「練習」。是的，要練習，才能把性愛按摩從概念變成實踐；多練習，手法才會熟練，上場尚能精煉。想想，現在人的手，真是又笨又重，怎麼摸怎麼按都沒有fu，再不練習，可能連自己在床上的感覺都不見了。所以有空多練習，有益身心健康，感情才能更融洽。

請用你最愉快的心閱讀這本書，這裡一定有增進你和愛人親密關係的新點子，我保證！

如何使用這本書

　　這是一本可以讓你放在床頭櫃，然後躺下來等著歡喜收割的「手愛」技巧指南。為了讓效果最好，在開始按書操作之前，Nina老師有幾個要訣提醒：

1. 攜伴閱讀

　　我強烈建議攜伴一起觀賞這本書。按摩者和被按摩的人可以邊看書邊作練習，學到一段，就停一下，彼此練習一下，找出適合你和愛人的手法，並加以變化。

2. 專注按摩，放鬆感受被按摩

　　請記得，按摩的人除了轉換手法以外，第一要務就是學會專注在愛人的愉悅感覺上；而被按摩的人則要學會把注意力完全放在深層的自我感受和表層的感覺上。

3. 至少熟記兩到三個動作

　　有時只需要記兩、三個動作，然後重複使用、練習，就能內化身體記憶，這是一種記憶策略，推薦給你試試看。

4. 扮演被按摩者

　　學習按摩的人，最好也能扮演被按摩的角色，因為當個接受者，領受會更多，你才能體會愛人接受到這款待遇時的身體和情緒的感覺。

5. 啟動觀察力，適時詢問對方感受

　　練習時請適時地問他的感覺，但千萬不要邊按邊問，每做一個動作就問一次，請啟動妳的觀察力，聽聽他的呼吸（舒服時會有節奏一致、平緩或急促的呼吸聲）、看看他的臉部表情(享受時會有持續陶醉的眼神)，當他眼神和妳對焦時，再探探他是否要和妳說話。此時可試著問：「感覺如何？剛剛哪個動作比較舒服？我可以再怎麼做？」提問的時候手部動作請持續，其他的可以等到按摩結束或休息完之後再做總檢討。

6. 呼吸很重要

切記、切記！一定要大口大口的呼吸。呼吸可以喚醒性感覺並且讓它循環到全身，請記下書中提到的幾種呼吸方法，請和愛人一起體驗不同的呼吸所帶來的感覺。

7. 練習再練習

從書中學習，從做中領悟，你當然可以把這本書當作知識庫，隨時查詢備用，但如果希望能在場上「即時處理」，最好的方法還是多多練習，讓這些技法內化成為自己的一部分。

性愛按摩可以改變你和愛人的生活，用你全身心學習這個給身體最棒的禮物，觀看、學習、練習、品味它，你將會獲得很棒的自我覺察、增加了親密感，還有更多意想不到的樂趣會發生。

準備好了嗎？讓我帶領你進入性愛按摩的全身心接觸世界囉！

Part 1 【準備篇】

要舒爽、要親密，
準備功夫不能少！

親密關係要加溫，就從認識彼此的身體的性感帶和愉

悅感開始。你將學會如何安排舒適的空間、選播最適

合的音樂，並且用正確的姿勢、增強感受的呼吸，以

及按摩手法來探索愛人的身體。

Chapter 1
先來玩遊戲，
開發愛人身體感官

皮膚是人體最大的性器官，也是範圍最大的性接收器。透過接觸、透過廝磨，能夠啟動千千萬萬個神經叢，觸覺的豐富性讓兩個人就算是十年以上的老夫老妻，都玩不膩，性愛按摩就是開發自己與另一半觸覺的最佳工具。

這種雙人遊戲有各種玩法，可以用柔情手和香香腳，也可以用軟軟乳房、小俏臀、翹睫毛、鼻尖、小嘴、QQ舌、髮絲，或者寬厚紮實的背等等，各個部位又有多種變化，用這些部位盡情地在愛人的身上跳舞，這樣的玩樂方式，不僅自己開心又可以增進兩人情感，多棒的性愛互動啊！

在進行性愛按摩之前，首先我們要對身體有些想像與認識。如果對身體沒有任何想像，沒有開發身體的感覺，要如何帶給對方快樂呢？又如何幫他按摩呢？你對對方的身體了解多少、想像多少，就決定你的按摩方式，也決定了你接觸對方的感覺。

快感印記

　　如何了解對方要什麼？是個關係課題。情侶之間經常缺乏「性」溝通，因為會害羞、會害怕討論性。當我們不知該如何讓愛人瞭解自己的喜好時，可能會有兩個選擇：一是不再溝通以解除窘境，但心裡氣他不敏感又不善解人意；二是直接講，能言善道的人可以善用語詞談論（但不見得他就聽得懂）。

　　如果你的他或她，就是那種不知道如何形容、從何啟口的人（不用擔心，有很多人都是這樣，因為我們一直身處在缺乏性愛語彙的生活環境裡，當然詞窮囉），那麼用身體帶領會是一種好方法。同樣的，也可以用來帶領對方認識你的感覺。

　　快來試試瑞‧史塔伯斯（Ray Stubbs）發明的「快感印記」（Pleasure Map）吧！這個方法可以幫助你用玩耍心情獲得許多身體訊息。程序是這樣的：

Step1 請愛人全裸地躺在床上，這時你要把自己當成「快感研究生」（Pleasure Researcher），你的愛人則是被研究者。

Step2 為幫助記憶碰觸過的位置，可以選擇從他的背部開始，往腿部走到腳底，然後再翻身，從腳丫往上探尋到頭部。

Step3 快感研究生會碰觸被研究者身體的好幾個部位，被碰觸的人只須用「數字」來回應每一個觸蹀，數字是用來代表喜歡的級數，譬如：0代表「尚可」，+1是「我喜歡這樣」，+2是「我非常喜歡」，+3就是「哇，天呀！太棒了！」；反之則代表不喜歡的程度。

Step4 試著用你的十根指頭當手動按摩棒往下走，仔細地勘測對方的祕密花園，就是依著上面三個步驟的精神，縮小範圍地再玩一次，這是遊戲的要點喔！

盡情地沉浸在兩人世界裡吧！這個遊戲至少要花半個小時，因為你很難擔保你知道愛人最有感覺、最能讓他興奮的地方有哪些。

玩過上面的遊戲，改天你還可以試別種，譬如在白紙上畫上愛人的正面和背面的裸體，然後在紙上標示出他「敏感和舒服」的部位。接著，你再請他標示出來他知道自己敏感和舒服的部位。其實嘗試之後，你們會發現，兩人的初步解答或許都不完全正確。所以，你得對照這張紙，來到對方的身上重新摸一遍，看看可不可以找到更多「新大陸」。接著換手，輪到對方探索你這一片「新世界」囉！

這是個非常簡單卻經常被遺忘的探索身體方法，試一試，最好也把這張白紙表框，等一年半載後，再拿出來，玩一遍，你會很驚訝，竟然有不一樣的發現。

> **TIPS** 你也可以先參考Part2第二章「挑逗按摩」中身體的性感區與愉悅區的參考圖與說明（見第102頁），來掌握概念。

沉默羔羊馬殺雞

除了透過畫身體圖認識愛人的身體地圖，還可以來一節「沉默羔羊馬殺雞」。遊戲規則是這樣的：

1. 兩人一起進行兩小時馬殺雞。
2. 輪流按摩彼此，每二十分鐘換手一次（事先商量　訂好時間長短，每五分鐘換一次也行）。
3. 按摩者必須用盡身體的各部位或想到的方法，讓被按摩的人有感覺。

這種方式適合還不太熟對方身體的新鮮期，也很適合太熟對方身體的退燒期，就我教學多年的經驗，很多情侶都是這樣摸一摸，就摸出更多感情來呢！

溫言軟語讓情感加分

如果你不喜歡他摸你的方式，可別一針見血地潑冷水，要溫柔地拐個彎。性能力這件事，不論男女都很敏感的，你可以試著這樣說：

話術1：告訴對方做對的位置，譬如：「哇塞，你好厲害，這麼輕易就找到我敏感的地方（例如指著左邊乳頭）。」

話術2：指點對方怎麼做，譬如：「可以請你用指腹輕輕地彈點它，再用力捏它嗎？」（或是其他你喜歡的方式）

話術3：當對方改變時，一定要適時地表達嘉獎，用眼神、用語言，甚至用一聲快樂的「啊」都可以。

Chapter 2
按摩手法的藝術與樂趣

在對愛人的身體有豐富的想像和認識之後，就可以試著動動自己的雙手了。按摩手法很多種，從各種手法當中可以體悟到手勢千變萬化，這十根絕對能比下面那一根還要「能屈、能伸、還要會轉彎」，讓你因為多了這十個小幫手而感謝老天爺。

擁有敏感雙手有撇步

　　曾經遇過一雙像記憶枕的雙手，柔軟到我願意把全身交給他，讓那雙手跟我的身體玩太極。這樣柔軟的雙手需要多少的時間沉澱，我不清楚，但我知道我們的雙手僵硬是因為幾乎無時無刻都承受著壓力，要去除這些累積的壓力需要時間。

　　然而，性愛按摩最忌雙手沒感情，準備幫愛人按摩的你，除了維持內心的和諧以及鬆緩之外，還要有一雙溫暖、柔軟、輕巧、放鬆又敏感的手。這些聽起來好像很難、好像要你命似的，先別扔了這本書，我還沒講完呢！請先深吸一口氣，耐心地跟著做接下來的示範，並且多練習幾次，就能喚回一雙有感情的手。

1. 練習細心地去感覺每天接觸到東西的各種感覺（不論粗細、冷熱或軟硬）。
2. 經常將雙手合起來快速摩擦數分鐘，然後停止，此時雙手會有像充電般的刺灼感，可以感覺到雙手的生命力和熱度。
3. 經常自我按摩並運動雙手，使它變得更柔軟、反應更靈敏。
4. 在進行親密按摩前，先將雙手浸泡在溫水裡，或是塗上按摩油搓揉幾下，直到雙手血液暢通、變得柔軟及溫暖，這時相信你雙手的神經都已啟動了。

經過這樣的練習，你會開始認識自己的雙手以及許多運用雙手的方法，瞭解按摩時，運用不同類型的手部動作和力量，就會達到不同的效果。按摩的次數愈多，你的手就愈能適應身體的感覺，也愈能知道身體需要什麼樣的按摩。

練習小站

每個人的五感敏銳度都不同，好在這些感官都有被調整的機會，如果你覺得你的手還不夠柔軟，觸覺還不夠敏銳，還可以試著做以下的練習來體驗觸覺：

Step1 穿著舒服的衣物或是全裸，找一個溫暖舒適角落坐下或躺下，播放能讓你放鬆、覺得性感的音樂，接著讓雙手各個部位一點一滴地觸摸、按摩、愛撫整個身體。

Step2 雙手移動時，壓力分別放在指腹、姆指及掌根，這樣可以體驗切換按摩部位的效果，並且仔細感覺皮膚的層次和皮膚底下肌肉的彈性與骨骼的紮實度。

這是讓你可以體驗到不同的觸摸樂趣的遊戲，請注意觸摸所引起的各種感覺。

Chapter 3
十一種基本按摩手法

「讓我為你獻上愛的摸摸」是一句多麼窩心的俏皮話。接下來就讓我們學習性愛按摩過程中經常使用到的手法與技巧，請溫熱好你的愛的手掌，準備對枕邊人「下手」吧！

認識人體骨骼與肌肉

　　人體是由肌肉與骨骼架構而成，為方便學習按摩，請參考以下人體骨骼與肌肉位置標示，這樣可以幫助你更精確地按對位置喔！

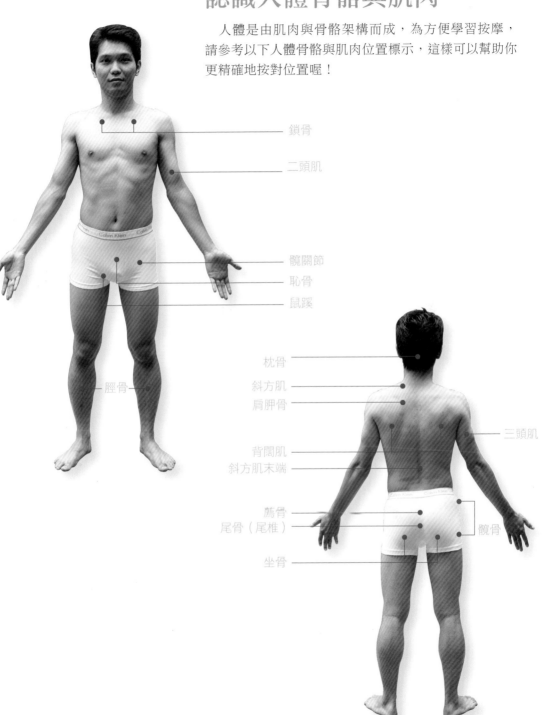

鎖骨

二頭肌

髖關節

恥骨

鼠蹊

脛骨

枕骨

斜方肌

肩胛骨

三頭肌

背闊肌

斜方肌末端

薦骨

尾骨（尾椎）

髖骨

坐骨

基本按摩手法

1. 搓擦法

　　手掌搓擦是性愛按摩最基本的動作，能表現出流暢、圓滑、連貫的撫摸方式。

　　適合部位　身體上的大區域，例如背部、胸部、腿部等地方

示範動作

TIPS 按摩時可依身體部位的大小，調整動作長度和寬度。

Step1 以按摩背部為例，雙手手指靠攏放在背脊的兩側，由下朝上，雙手穩定地滑過皮膚，施力平均分配在雙手上。

Step2 當雙手依需要按摩到適宜部位時（通常是你的身體覺得應該要停的地方，再上去就會覺得不舒服了），雙手反向向外側展開成圓弧，記得分開時仍然要維持固定的力道。

2. 掌揉法

掌揉按摩的動作性感而能放鬆，可以伸展肌肉纖維，慢慢地放鬆肌肉，是很適合用在大塊肌肉上的動作。

| 適合部位 | 背部、兩側腰、大腿和腹部 |

Step1 以按摩腹部為例，雙手運用手腕的力量，成一個弧度，感覺上好像是手掌可以抓扣住腹部肌肉一樣緊貼著皮膚，接著以順時針方向畫圓。

Step2 男生或手掌較大者，可用單手輪流完成畫圓動作（即一隻手完成半圓，提離腹部時，另一手順勢接手畫另外半圓，共同完成一整個圓），如果女生或手掌和力氣較小者，可試著一手在上一手在下、身體加壓的方式進行這個圓，在上面的這一隻手不僅可以幫忙施加壓力，還有穩定軌跡的好處。

Step3 回到原位，再重複以上動作。

示範動作

TIPS 按摩者也以撐起身體協助施力，感覺像一起跳舞。

3. 推展法

　　這是一種穩定的推摩動作，很容易做也很容易就讓身體完全放鬆，可說是懶人放鬆法。

適合部位 | 身體兩側、大腿和背部

示範動作

Step1 以按摩背部為例，將兩手打橫地併放在脊椎骨的兩側，用手掌去感覺凸起的肌肉，把手掌輕輕放在上面。

Step2 雙手平穩柔順且同時推動肌肉，由上背到腰，從腰再回到上背部，來回循環。

TIPS 如果按摩的人力氣小，被按摩的人身體大，可採雙手交疊的方式進行。

4. 推動法

　　利用穩定的推動全身，達到放鬆的效果，有時還能藉由這種摩動，讓身體感覺到欲望，尤其是趴著，推動上半身與骨盆時。推動法能夠讓肌肉、關節因為波動而產生壓力釋放、完全放鬆的效果。

適合部位 適用於全身各個部位，只要有肌肉的地方都可以

示範動作

Step1 以按摩臀部為例，將雙手分開，一手掌心在右臀，一手掌心在左臀，手心保持柔軟，手臂二頭肌預備用點力。

Step2 穩定你的身體，想像在你的兩手之間出現了一股流動的能量，開始搖動，推動骨盆，並看著它在你面前有韻律感的晃動。

Step3 注意你的身體也要跟著律動走。

5. 拿捏法

拿捏法可以加強腰部和臀部等性感帶邊緣部位的放鬆。

適合部位 身體兩側，包括手臂、上半身與腿部兩側都可

示範動作

Step1 以按摩腰部為例，為了讓雙手能順暢地進行拖拉動作，你的位置必須是在你愛人身體的另一邊，準備好橫跨身體的動作。

Step2 手指方向和腰部肌肉垂直，手指微彎，讓整個手掌成一個弧度，扣住腰部肌肉（包括肥肉），然後運用手腕的力量，一隻手拉向自己之後再換另一隻手，並重複它。

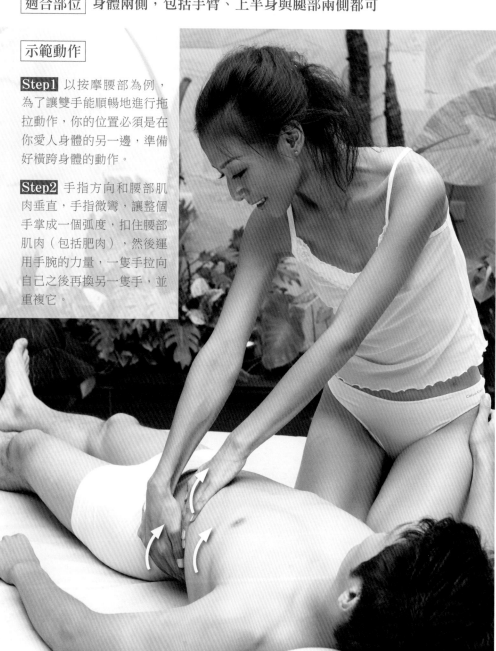

6. 揉捏法

揉捏法有兩種，一種是掌心中空的揉捏，一種是掌心緊貼肌肉的揉捏，有韻律感的動作可鬆弛大部分的肌肉。

適合部位 肩膀、頸部、大腿和臀部

Step1 用四指和姆指一起挾（抓）住肌肉。

Step2 用力提起、搓揉、下壓肌肉，以擠放的動作交替進行，並且有節奏地換手，來回進行。

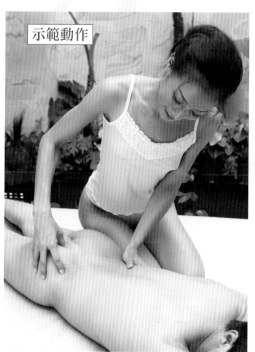

圖A為掌心中空的揉捏手法

圖B為掌心緊貼的揉捏手法

7. 虎口夾捏法

身體各部位的接縫處是平常較少被接觸的部位，
使用虎口夾捏法可以引發略帶搔癢感的舒服感受。

適合部位 **手指掌接縫處、肘關節內側、腋下、腳踝前後筋等**

Step1 張開雙手的虎口，
對準要進攻的部位。

Step2 用你拇指側和食指側，柔軟而有
節奏地夾捏該部位，來回動作。

示範動作

8. 梳掃式

這是一種令人愉快的放鬆法，可以讓皮膚的感覺
更有活力。

適合部位 因為是針對皮膚，可應用在身體任何部位

Step1 手指輕輕彎曲，讓指尖輕   Step2 雙手所到之處皆平緩的下
放在肌膚上。   壓或向下掃。

示範動作

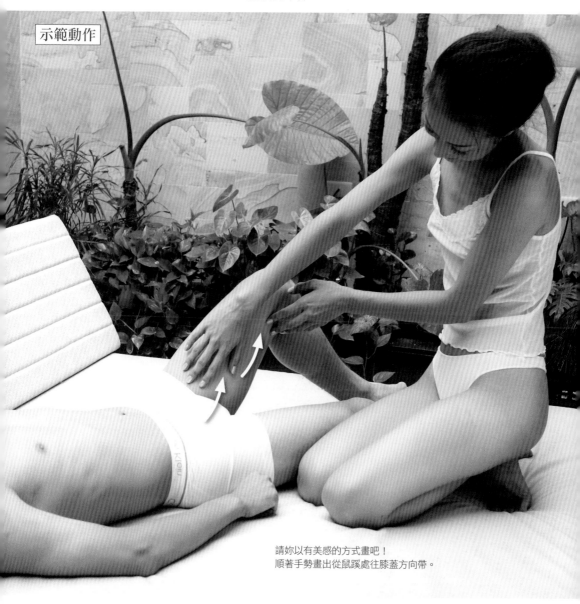

請妳以有美感的方式畫吧！
順著手勢畫出從鼠蹊處往膝蓋方向帶。

9. 指尖迴旋式

針對兩塊肌肉的交界或周圍部位進行放鬆。

適合部位 手肘、膝關節，以及後腦部的枕骨下方

示範動作

Step1 手臂施一點力量，把手抬起，讓手腕能夠靈活運動。

Step2 手指微彎，用指尖施力在接觸的部位，並作小小圓形摩動，此時另一手務必要配合扶穩該部位，方便動作的進行。

10. 刷擦法

採用手刀式的輕柔按摩，帶來輕爽又有活力的感受。

適合部位 背脊、肩胛骨邊、鼠蹊部等

Step1 手掌併攏成手刀狀，對著你要接觸的部位。

Step2 用雙手較厚實的側面肌肉，一前一後交錯地來回滑動，刷擦身體凹陷處。

示範動作

11. 抹式與抖震法

這兩款手法在性愛按摩過程中是必要的，抹式的摸法可以讓肌膚有被撫慰的感覺，而抖震法則會讓肌膚有跳舞般的雀躍感。

適合部位 身體的性感帶

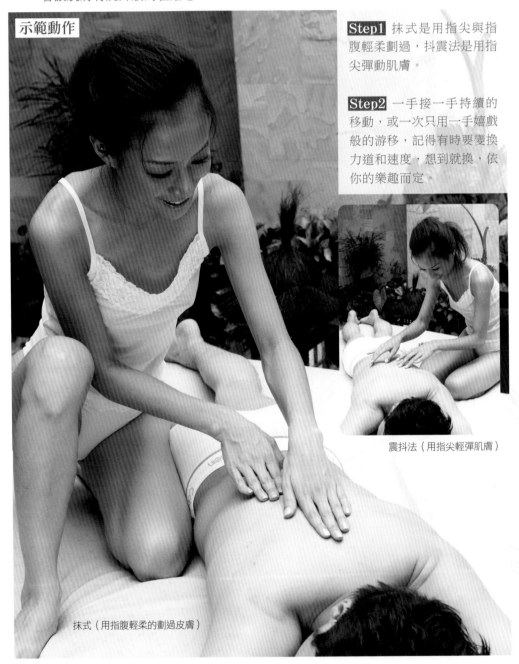

示範動作

Step1 抹式是用指尖與指腹輕柔劃過，抖震法是用指尖彈動肌膚。

Step2 一手接一手持續的移動，或一次只用一手嬉戲般的游移，記得有時要變換力道和速度，想到就換，依你的樂趣而定。

震抖法（用指尖輕彈肌膚）

抹式（用指腹輕柔的劃過皮膚）

世界各地都在玩Hand Job

　　什麼是性愛按摩？性愛按摩俗稱手交，英文是「Hand Job」，還有個酷炫別名「打手砲」。也有人說：「喔，就是一個人用自己的手幫另一個人自慰」，也就是只用手觸摸對方的性器官直到高潮。是的，性愛按摩不只是「摸摸」，在「性功能」的概念裡，雙手除了可以用來作前戲和愛撫，還可以帶來高潮。

　　手交在男男女女同志圈裡沒日沒夜的蓬勃發展，在異性戀圈子裡卻經常是曇花一現，好在現今社會的人們愈來愈能打破藩籬相互學習，指上神功絕技才不至於失傳。我曾聽過一位雙性戀的女性朋友說：「如果讓我挑選，我希望每次做愛都能有根粗大的陽具讓我玩，外加一根女同志肥肥的手指替我手彈指動。」看來即使有陽具還是得施展手功，才能讓女人心滿意足。在新世紀中只動屁不動手的呆板男人，輕易地就會嘗到被踢下床的滋味。

　　性愛按摩到底要怎麼做？別以為它只是手砲轟管穴或幫浦肉棒而已，絕對還有其他多種技巧交替玩樂，譬如擦亮紅寶石、轉瓶蓋（玩龜頭）、夾筷子、拔蘿蔔、蜘蛛手（對付主體）；抓蒟蒻條、堆山丘（玩陰唇）、捻紅豆（陰蒂）、抓飛盤（前進G點和恥骨）等等五花八門的玩法（各種性愛按摩技巧的學習請見Part2第三章至第五章，第126 -155頁）。

　　上述那些手技看得出來都是針對私處特別敏感的地方，但別以為只要學這性器部位的按摩方法就夠了，你必須知道更多類別的身體按摩法。不論是在親密愛侶世界還是身體服務產業，光摸下面是不夠的，因為私處愈是被接觸，身體其他地方愈是期待被觸摸。

　　這就是泰國浴（用胯下按摩你全身）、爽乳按摩（用乳房肉肉洗你臉）、櫻花按摩（用舌頭舔全身）等等琳瑯滿目的喚醒感官術一個接一個地被發明出來，並受到歡迎的原因。而且，只要有性愛接觸機會的地方，也有許多英雌豪傑懂得互相借用、彼此交流。

　　你也可以試試看！不論現在是否有練習對象都沒有問題，因為在我的課堂上，也經常有單身女子來學習新技法，為什麼？她們會告訴妳：「有機會就用得上，以免到時後悔又撞牆。」

Chapter 4
舒適空間，心情加分

按摩時，如果環境很溫暖、很隱密，那麼被按摩的人會比較容易放鬆，也更能享受（各個SPA會館砸大筆資金創造寧靜的環境不是沒有道理的）。如果要進行的是性按摩，就更需要加強空間的浪漫，氣氛更感性，才能讓享受按摩的人（不論是按摩者或被按摩者）感覺更加分。因此，當你想認真送個按摩禮給愛人時，可以再費點心思做事前準備。這裡有一些點子提供你參考。

佈置安樂窩

如果你打算在自己的安全窩裡送按摩禮，那麼請注意以下幾點：

1. 調節房間溫度

根據研究，最舒服的室溫是攝氏二十四度至二十五度。只要你們都不覺得太悶或太冷，要吹冷氣或開窗都可以，你們自己當下的感覺最準。

2. 準備毛巾或保暖的毯子

準備兩條大浴巾（請買純棉材質，別買聚酯纖維的毛巾布材質，舒適感不一樣），一條作為墊子鋪床，一條拿來蓋對方身體，因為整套按摩的時間較長，被觸摸過的身體部位需要浴巾或毯子來保持溫暖。如果你打算使用按摩油，在身體下方鋪一條柔軟大浴巾以吸收多餘的油更是必要。另外，再準備一條小毛巾，如果你會流手汗，這就是解決溼答答接觸的最佳利器。

3. 設置按摩「床」

床似乎是家裡最便利且舒適的按摩聖地，請接受按摩的人躺到床邊（但小心別掉下床），這麼一來，按摩者就可以站著按摩了，這樣比較不容易腰痠。當然，如果你想在地板上也可以，只要用棉被、毛毯或是多層的涼被，鋪出一個柔軟、可翻身的空間即可。

巧手打造專業級按摩床

專業按摩床其實滿佔空間的，除非你家大到陰森森，或是開始計畫用按摩謀生，否則只需要發揮巧思隨興變通。有時可以到傢俱店或健康床專賣店裡去挖寶，試著尋找一種長型靠腳椅，要件是寬度必須是可以讓你的兩腿張開，並且穩穩跨坐在上面，而長度必須是超過你愛人的高度（通常至少要兩張或更多張併排才夠）。

這種自己組合的按摩床，平時可以放客廳或房間「閣咖」（台語放腳的意思），想按摩時，就可以端出來「敬老婆（公），裝賢慧」。它的高度和寬度可以讓你很方便地跨坐在對方的腿上按摩背或反過來坐在腰上按摩腿，想摸摸頭也都很便利，免除了在床上一直曲膝躬背的不舒服感。

另外如果正好家裡有個現成的長方形餐桌，而且它的高度正好到你的骨盆位置，那麼你可以毫不猶豫把軟墊鋪上去，就有現成的按摩床了。一張最普通的按摩床要九千大洋，馬上現賺回來，更棒的是還不佔空間。將餐桌變身按摩床，它的存在也添增了你們的生活情趣，看著它讓你的想像力更延長。

出門尋找新天地

如果居家環境又吵又小，床鋪怎麼整理都不妙，為了彼此心情好，建議花點銀兩上街找，找個愛情別館才不至於讓彼此「奇蒙子」亂糟糟。這樣的別館哪裡找？你可以：

1. 上網找

在台灣，不論你要上山下海或進市區，精緻旅館處處張開雙手歡迎你。因為網路的普及與架設網頁門檻低，網路上就可以預覽各式各樣的愛情別館照片，只要上網按按滑鼠，鍵入關鍵字，一指神功就能找到夢寐以求的按摩仙境，你甚至可以參考討論區的前輩們

的意見或口碑來做決定（譬如：「台灣民宿王」、「QK休閒網」都已幫你作了全台旅店的充分整理，環境設施、交通指南、房價通通一目了然，出發前先上網搜尋一下，看看哪家合你胃口）。

2. 上街找

不管要開車、騎車或走路，就儘管出門去，離你家近的沒關係，因為這樣你以後更有機會用到它，進它的門就像走「灶咖」。只是，記得確認一下是不是每次帶的人都是同一個，不然，還是勸你跑遠一點，免得被抓包。

至於該如何選擇？建議你初期找旅館或民宿，因為他們開放參觀，看了不喜歡就離開，如果你家附近就有精品旅店，這些旅館室內大多充滿了設計巧思，值得你好好品味；如果你們有興趣尋覓最豪華的，可到汽車旅館（Motel）最發達的台中七期重劃區、桃園交流道、台北中和去尋找心怡目標，汽車旅館裡通常都有SPA按摩浴缸，也能營造出整體的主題與異國風情氣氛。

其實，不論是汽車旅館、飯店還是民宿都好，重要的是離開沒有氣氛的家，輕鬆新穎的環境、全新的身體接觸在這種氛圍裡才容易發生，就當作你在冒險，出門去吧！

音樂讓情緒同步

美好的音樂可以讓性愛按摩的整體感更加分，也讓空間更有氣氛。抒情音樂通常能讓人進入精神舒緩的心理狀況中，所以如果你打算讓愛人全身心地放鬆，就把音樂的挑選納入「行前準備」中吧！以下有兩種音樂類型可作為挑選參考：

1. 輕音樂：可以帶來放鬆感的輕音樂適合在進行親密按摩時播放。
2. 浪漫略帶挑逗感的音樂：此類音樂可以幫助加強呼吸或是激化感官，卻又不會帶來像吃了搖頭丸般過於激烈的感受，最適合在進行性按摩時播放。

　　以上只是建議，畢竟對音樂的喜好見仁見智，有的人聽有歌詞的音樂可以把它當背景合弦音，也有人聽到有歌詞的音樂腦袋就沒辦法安靜，覺得歌詞太煩人（像我就是）；也有些人就是要聽大自然的音樂才能放鬆，但有些人卻聽流行音樂就能全然放鬆。所以，尋找你們都愛的音樂在平日就可以下功夫。

十七張按摩適用音樂專輯推薦

挑選音樂時請以尋覓專輯為目標,而非單曲。這裡有一些經過民調的推薦音樂專輯名單,非常適合在按摩中全程播放,提供你參考。

親密按摩TOP10專輯

專輯名稱	特色
《心-靈詩篇》	這張心靈音樂系列專輯時常被使用在各大spa會館裡,共有六張不同主題,也可直接選購「歷年歌曲點播排行榜」合輯。
《英式香草那堤》 (British Vanilla Latte)	聽名字就覺得好像已聞到濃郁的芳香,音樂甜滋滋的進入你心,這張專輯絕對能讓你恬靜入夢鄉。
《自然按摩治療》 (Natural Massage Therapy)	自然錄音大師丹・吉布森(Dan Gibson)在1999年的作品,他的作品總是能讓人在享受大自然的天籟之下,也有了心靈上的療效,可說是七星級的高檔貨。
《天使的擁抱》 (Angel's Embrace)	丹・吉布森在2000年的作品,讓你跟著天使出遊,而且還是讓祂抱著飛呢!舒爽指數百分之兩百。
《SOMA》	是音樂家也是心理治療家的湯姆・肯仰(Tom Kenyon),將生物脈衝的概念結合在背景音軌中,這些細微的音率脈衝會誘導我們的腦波產生 α 波(寧靜專注時的腦波)還有 θ 波(睡夢時的腦波),讓人很容易就進入深層放鬆的狀態。經我實驗上千次,每個人聽完都會說:「很神奇,我的肩膀會自然鬆開來!」「真奇妙,我的頭不痛了!」如果你沒打算讓對方他完全睡著,請設定播放二十五分鐘後就換另一張音樂CD。
《這個宇宙》 (This Universe)	韻味十足的辛格・寇爾(Singh Kaur),晶瑩剔透的聲音搭配精心製作的樂曲,令人置身空靈,沉靜之餘還多了一種想和別人(按摩的人)有更多的連結的感受,很奇妙卻也很美妙。
《療癒音樂》 (Music for Healing)	知名作曲家史蒂芬・赫本(Steven Halpern)的音樂主打「心靈療癒以及內在平和」,他的音樂可以讓腦袋好好休息。
《內在平靜》 (Inner Peace)	這是史蒂芬・赫本的主打專輯,很適合拿來用在練瑜伽、冥想或作SPA時,當然也適合在親密接觸時。
《秘密花園之歌》 (Songs from a Secret Garden)	秘密花園(Secret Garden)的音樂因為有種綿密的流暢性,很適合在使用精油按摩身體的時候播放,會幫助按摩者手指行動起來更行雲流水。

專輯名稱	特色
《宇宙中最極限放鬆的德布西》（The Ultimate Most Relaxing Debussy in The Universe）	克勞德・德布西（Claude Debussy）的鋼琴聲讓人感到寧靜且放鬆，建議音量別太大聲，否則按摩的人反而會有種岔氣的感覺。

挑逗、性愛按摩TOP 7專輯

專輯名稱	特色
《大西洋組曲》（Atlantic Suite）	性愛按摩時需要的不止是放鬆，更需要緩和的節奏以及讓人有逐漸澎湃的感覺。丹・吉布森2001年的作品中寧靜、穩定的海浪聲，可以讓人隨著浪聲平穩而作深層的呼吸。
《我的海洋》	台灣也有出美妙海浪聲音樂輯，變化多端的海潮聲激盪心中情緒，享受之餘也不忘支持台灣作品。這張專輯比前述的專輯約略輕鬆些，適合用在想要讓愛人慢慢高亢的後期。
《自然風情》	這張專輯也有多首會讓人蕩漾在深呼吸中的曲子，你可以找愛人一起試聽，如果正好合你們的口味，那就不要再等了。
《范吉利斯之人聲》（voices）	素有電子樂界柴可夫斯基之稱的希臘音樂巨擘范吉利斯（Vangelis）的作品也很棒！他的專輯雖然是電子音樂，調性卻是澎湃又溫柔浪漫，很適合你和他此時此刻的氣氛了。
《溫文爾雅／溫柔倍致》（Suave Suave）	如果愛人吃重口味，可以試試類似B幫（B-Tribe）這個團體在2005年發行的這張專輯裡的「感官」（sensual），在浪漫、穩定的節拍中，讓愛人進入音樂中，心甘情願地被你俘虜。
《戀人的密法心音樂》（Tantric Heart-Music for Lovers）	如果覺得前面介紹的音樂節拍太重，就試試張專輯吧！讓莎斯楚（Shastro）美妙的聲音，帶你進入愛人的世界。
《脈輪組曲》（Chakra Suite）	這種輕盈平靜，又能讓人感受到身體能量的音樂，也是進行性按摩時的上上選。

Chapter *5*
一瓶好油勝過十年功

「一定要用油嗎？」如果你問這句話是因為討厭按摩油或不喜歡在身上塗抹油，那麼就不要使用。不過，還是希望你試著閱讀關於按摩油的使用與介紹，或許你會發現排斥與不喜歡只是單純因為沒選到適合自己的油而已。

性愛按摩油

對於性器官的性按摩一定要用油，否則會疼痛不舒服，也沒辦法持久按摩。必須注意的是，男性性器官可以使用油性按摩油，但女性性器官最好能使用水性潤滑液，以利事後陰道內部的清洗。當然，到目前為止，尚未有研究案例指出，使用油性的潤滑劑按摩陰部會有後遺症，但以「不怕一萬，只怕萬一」的健康安全考量來看，還是奉勸各位「以水開路，歡愉收場」為妙。

身體按摩油

身體的按摩並不一定要使用按摩油。你可以只使用手指輕柔撫觸愛人的身體肌膚，傳遞溫暖。但切記，請保持你的手和對方的身體的乾爽，因為一流汗，肌膚接觸的阻抗力就增加了，一旦手指滑不動，戲也別唱了。所以，面對潮濕悶熱的台灣氣候，房間最好保持乾爽。

如果你想要做的是二十分鐘以上長時間的按摩，建議你還是適量使用按摩油，按摩油可以讓手輕易地滑遍體表，提高按摩時的順暢度。

聰明選好油

按摩油的選擇會依油的質地、個人膚況、喜好與有無特定用途而不同,按摩油的用量也會有所不同。一般皮膚比較乾的人可能一次就用掉三十至四十毫升(ml),如果想享受「油滴」的樂趣,一次可能會用掉兩百毫升。如何選擇按摩油,有幾個要點告訴你:

1. 避免濃稠油脂或強烈味道的油品

譬如以礦物油製成的嬰兒油。早期嬰兒油的質地不佳,使用的話可能很容易被踢下床,嬰兒油對成人身體皮膚的健康利弊,多年來還是一直有正反兩面的看法,無法定論。近年來嬰兒油的質地愈趨細緻,要不要使用它,還是看個人皮膚的接受度。

2. 選購專業按摩油

講究按摩油品質的人可以到各大百貨化妝品、精油保養品專櫃或藥妝店選購已經調好了、自己聞起來舒服、抹起來舒爽的按摩油,也可以選用純基底油(如甜杏仁油)或添加精油的調和油。如果你不在乎現場試用,還可以透過可信賴的購物網站選購,宅配到你家。

3. 自行調配

聽過「化工行」嗎?一般我們在市面上買的保養品、按摩油就是這種化工原料調出來的,以前都是製造商才可以接觸到的原料,現在直接在街頭店面就可以購買。此外,我們在化工行可以購買大容量包裝的油,比起在專櫃動輒上千元的消費,這邊可能三百元就搞定。

不過,不管你怎麼用心挑好油,如果愛人還是覺得這些油太油膩,那可以直接改用「按摩乳液」,也是個解決方式。

調油DIY

DIY按摩油很有趣，也是門學問。以下提供幾種作法和配方給你參考，想要多瞭解這方面的人可以參考芳香療法之類的書籍。

---

1. 準備工具

請準備一個乾淨的容器，以玻璃或陶瓷質地為佳，如有美觀造型更佳（千萬別用碗公或衛生杯），容量至少能裝五十毫升的按摩油。如果想要添加精油，可以另外準備攪拌棒或直接用乾淨的手指混合。

2. 簡單調油法

可選擇的基底油：甜杏仁油、葡萄籽油、榛果實油、茶花籽油、花生油、紅花油等。

`Step1` 將適量的基底油加入你和她最愛的香水或精油（精油的濃度比例不超過百分之十）。

`Step1` 攪拌均勻即可。

3. 花式調油法

可選擇的媒介油：鄂梨油、胡蘿蔔油、月見草油、荷荷芭油、橄欖油、小麥胚芽E油等具有療效油。

> **NOTE** 這種混合油通常二至三個禮拜就會變質，所以最好是現調現用。

基礎版
將三十毫升基底油加上三毫升的媒介油（可幫助精油進入基底油並帶入人體內），最後再加入適當比例的純精油。

> **NOTE** 調和過的油最好能裝在可密閉的深色玻璃瓶裡，並置於陰涼處。如果不是一次用完，有可能存放時，請加入五毫升的小麥胚芽油，來當作抗氧化劑（防腐劑）。

進階版
將二十滴純精油（只要你捨得，可以再多，但須注意過量可能太過刺激皮膚）混合愛人適用的媒介油（二至三毫升）。

高階版－催情按摩油
有一些精油被認為有催情的效果，譬如玫瑰、茉莉、伊蘭伊蘭（香水樹）、廣霍香，在調和油的過程中加入這些精油，能以香氛增添更多情趣的變化。

催情配方 *1*
兩滴玫瑰精油 + 兩滴茉莉精油 + 一滴伊蘭伊蘭精油 + 30至50毫升的媒介油

催情配方 *2*
三滴伊蘭伊蘭精油 + 兩滴檀香木精油 + 兩滴玫瑰精油（或茉莉精油） + 30至50毫升的媒介油

Chapter 6

拉筋鬆骨，選對姿勢

「老師！我這樣按，他爽到了，我腰也快斷了！」在課堂的練習裡經常聽到女人們（不分年紀）這樣叫苦連天。是的，除非家裡正好有張高度恰好施力的按摩床，否則，坐在同一個平面的床上進行按摩確實比較容易腰痠背痛。

幫愛人按摩時，脖子、肩膀、手臂、腰與腿部的肌肉保持彈性和延展性是很重要的，所以在按摩前如果可以先鬆開這些地方的肌肉、活動筋骨，對「持久度」很有幫助，在按摩後也可以放鬆疲勞的肌肉。

對於經常運動、拉筋的人來說，按摩造成的痠痛狀況比較少發生，為了你自己好，奉勸平時就要多運動才是「持久」之道。

彈性伸展操

　　廣告說：「健康，喝了再上。」，Nina老師說：「筋骨，軟了才操；按摩，爽快才做。」別給自己太多的負擔，身體自己衡量了再做。如果你正好是那種平時不拉筋、筋骨硬梆梆的人，現在卻要做二十分鐘以上長時間的按摩，這裡提供幾個伸展小撇步給臨時抱佛腳的你參考。

手上臂三頭肌

Step1 右手向天花板舉起，手肘朝頭部後方垂下。

Step2 左手扣壓住右手肘關節，延展三頭肌，約十五至二十秒後換手。

肩膀 Step1 左手臂朝右方直伸。

Step2 右手扣住伸直的手臂，向胸部拉近，延展肩膀肌肉，十五至二十秒後換手。

脖子 Step1 右手掌貼左腦勺。

Step2 將頭向右肩壓下，拉長左頸的肌肉，十五至二十秒後換邊。

手腕 Step1 轉動腕關節，讓手腕更靈活。

Step2 同時轉動左右兩邊的手腕，來回進行八次正轉與反轉。

肩膀

Step1 雙手交握在背後，掌心相對朝內。

Step2 肩胛骨內縮，用力挺胸停十五至二十
秒，重複三次。

鬆腰

Step1 屈膝跪坐，屁股盡量坐在小腿上。

Step2 雙手向前伸長，至少持續十五至三十
秒，重複三次。這個動作也可延展腰部肌肉，
或緩和腰部的疼痛。

Chapter 7
按摩姿勢

進行按摩時，身體應盡量保持輕鬆，肩膀放鬆，脊椎拉長，必要時就改變姿勢，隨時都要避免過度壓迫背部或全身只有單一支撐點。以下提供一些可以作轉換的按摩姿勢給你參考。

盤腿坐姿

坐姿活動範圍會比較小，適用在非常親暱的小動作上，比如臉、足、腹部的撫摸時。

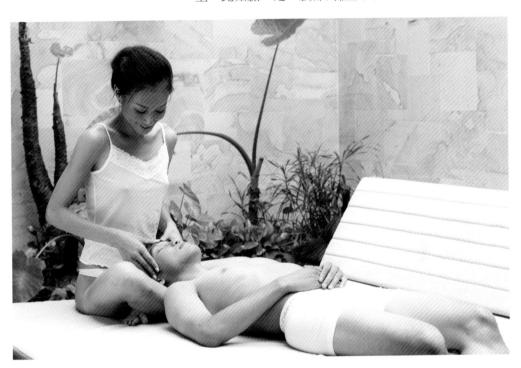

跪姿

大部分的按摩動作都可以採用跪姿，如果是距離遙遠的大範圍動作就要參考下一頁的「洗衣動作」。筋骨硬或血液循環不那麼順暢的人，採用跪姿通常很容易感到腳部痠麻，人太瘦、臀部沒有肉肉的人，通常也很容易感到腳痛，可以試著在臀部和小腿之間放個超軟抱枕或小坐墊來緩和。

跨騎

　　這個姿勢適合在作背部、胸部、腿部等大範圍的親密按摩時使用，會讓被按摩的人感覺到與你有了更多的接觸，增加親暱感。如果你身體較為壯碩，可千萬別把所有的重量都壓坐在他身上。

洗衣動作

　　看過古裝劇中婦女在河邊洗衣服的畫面嗎？這個姿勢可以讓我們的身體的支點變多、範圍變大，增加了姿勢轉換的靈活度。

　　你可以試著從跪姿或坐姿改為一條腿豎起，另一腿保持原狀。

　　把腳掌抵在床面上，當要作大範圍動作時，可以利用腿部力量把身體帶往前，回復姿勢時只要把身體重量向後放低到腰臀即可。

拔蘿蔔

這個動作看似好笑，但如果搭配身體的節奏，美感自然就會從你的律動中流露出來。這個姿勢還可以在「拔」男性下面那根「小蘿蔔」時，替我們省了不少的力氣呢！

呼吸～讓你的身體Up Up！

聽說過靠呼吸就能達到高潮嗎？這種經驗不是每個人都有，但卻是每個人都做得到，呼吸的奧妙不容小覷。呼吸，可以讓人放鬆；呼吸，也可以讓人亢奮；呼吸，更可以讓人登上愉快的另一個高峰。

在接受性愛按摩時，請關注你的呼吸，將會帶來全新的感受，這個動作會把氧氣帶進血液裡，滋養身體的每一個細胞，點燃身體慾火，神經也變得更加敏銳，驚喜也就伴隨而來。

要怎麼呼吸，才能達到不同的效果呢？以下提供幾個簡單的練習方法，可以幫助性愛按摩時（不論是接受按摩或按摩的人）覺察自己的呼吸並增強身體的感受。

簡易版的呼吸練習

　　你可以先從獨自練習簡易呼吸開始。請放掉以前用力吸氣的習慣，現在試著緩緩的吸氣，感覺你的喉嚨打開，慢慢地喝下你吸入的空氣。吐氣時，仔細感覺一下你的胸膛，你是不是用了太多的力氣，反而造成你的胸膛更多的緊繃？

　　再來一次。這次，不需要用什麼力氣，試著淡淡的吐氣，緩而長，簡簡單單的吸氣和吐氣，簡簡單單的吸氣…吐氣…。

　　再來一次，簡簡單單的吸氣…吐氣…（喂！別睡著了，等下還有事要做哩）。

調整彼此愛的呼吸

現在，你可以和愛人一起練習。「同步呼吸」在性愛按摩的過程中非常的重要，你們其中一人是主要帶動者，另一個則當跟隨者。當你幫愛人按摩時，如果希望對方放鬆，卻發現他的身體緊繃，那就可以帶著他作長而深的呼吸，倘若想加強他的亢奮狀況，那就改用短而重的吸氣和吐氣。建議先練習以下兩種呼吸方式：

1. 一深一長：用鼻子深深地吸一口氣，接下再長而綿密地吐一口氣。

2. 兩短一長：用鼻子快速吸兩下，接下再深吐一口氣。

記得，這個時候也是表現深情的時刻，「互相凝視」（但別太用力，否則會像在瞪人）可以加強彼此的同步呼吸，讓你有了更多的線索可以察覺愛人的身體狀況。

手部運動搭配呼吸

把你的手放在男性的陰莖上（或放在女性的陰戶上），試著握緊時吸氣，吐氣時放鬆，被按摩的人就把注意力放在自己的呼吸上，好好地享受身體的感覺。此時，抓握按摩之間帶來的愉快感受，會變成一種動力，讓你很想持續保持這種有節奏的呼吸，尤其是接受按摩的人，感覺特別強烈，當你（躺著享受的人）愈練習把按摩動作和呼吸結合起來，你會愈來愈感覺到它已融入你的身體律動裡。

按摩的人也是一樣，當你自己的手部動作愈能配合對方的呼吸節奏，你愈能把這樣的配合內化成身體的技能之一。你可以溫和的、流暢的調整手部運動去配合自己和他的呼吸，或者是反過來把你的呼吸順勢配合手部運動，直到呼吸和手法協調一致，轉換也可以不著痕跡。

NOTE 和伴侶一起練習時，請特別留意如何利用呼吸和愛人連接和結合。

身體興奮搭配呼吸

有沒有觀察過，當你愈進入逐漸攀升的性能量時，你的呼吸和呻吟就好像在演奏交響樂，在一吸一吐間，在一呻吟一嘆息中，旋律盤旋而出。這個時候，如果能再加強呼吸的節奏，那將會帶來更大的喜悅。在性愛按摩時，可以把呼吸當譜樂，緩緩畫出高峰和高潮點，並填進放鬆和享受的旋律。

練習時機與方法

看見愛人興奮了嗎？快！這是最好的練習時機，步驟如下：

Step1 先跟愛人的身體玩一陣子，大口、大口的呼吸可以幫助提高身體的熱能，讓身體變得更興奮。

Step2 等到對方準備好了，兩人一起作三個大又深的呼吸。

Step3 再吸一大口氣之後，要對方必須縮緊骨盆肌肉並且屏住呼吸，全身肌肉也會因此緊縮，但請他把注意力放在他的肛門括約肌和骨盆底的肌肉，約十五至二十秒。

Step4 讓對方完全放鬆身體並去感覺全身，接著繼續你的按摩和呼吸。

簡單來說，專注呼吸就是覺察、關注你的呼吸。呼吸可以幫助我們把注意力帶回到身體，才不會在性愛按摩的非常時刻分心，忽略了身體的感覺。記住，我們一次只能想一樣事，如果能留意自己的呼吸，就沒有多餘的時間去想：「何時會有高潮？」那麼，高潮自然就會在你放掉想法時發生了。

這些是關於性反應的呼吸技巧，如果你感到緊張那就是做錯了，正確的呼吸法是在於創造更多性能量的流動，當呼吸時感到放鬆和自由流動時，這種能量的流動才有可能發生，也更有機會經驗到實際的、前所未有的性感覺。

> NOTE 不要期望自己練習個五分鐘，就可以馬上收到銷魂效果。專心地培養樂趣。你可能會因為一開始沒有特別的事情發生，而感到失望。不要灰心，每個新步驟都需要重複練習幾次才能駕輕就熟。

Chapter 9
演奏一首動人共鳴曲

讀完了前面章節，你已經具備性愛按摩的基礎了。在上場進行更進一步的按摩動作之前，我想要強調，要將性愛按摩的過程視為一首動人的共鳴曲，除了手法、技法、環境氣氛的布置，最重要的還是投入情感，真正去關愛對方。

技法 + 情感 + 互動
＝完美性愛按摩

　　從事性愛按摩教學這麼多年，剛開始我只教授「性按摩」的純粹技巧，可是學員回去實驗結果，不是被說「手很笨」、「弄痛了我」，就是最後變成一般打手槍，男人爽了，女人自己卻不爽。這才發現原來大家都光只記技法，而忘了放入真感情。更要命的是，他們的雙手沒辦法傳達內在深刻的情感。所以，訓練「靈活的雙手」和「溫柔的手指」便成了改造工程裡必練的基本功了。

掌握了這兩個竅門之後，「效果卓越！」大家臉紅通通、嘴笑盈盈的都說讚，只可惜因為生活忙碌沒機會練習，效果延續期都不長，不是會忘記，就是會沒勁。甚至還有人報告：「按一按，他居然睡著！」只好幫愛人蓋棉被充當老媽子。

這款的「代誌」怎麼會來發生？啊！原來他們的手溫柔過了頭，節奏和力道沒配合好，忘了在愛人身上「跳舞」，忘了在愛人身上「彈鋼琴」、演奏共鳴樂曲，演變成沒有互動的獨腳戲。

為了延長春心蕩漾的感覺，性愛按摩的手法和運用時機也必須隨著環境而改變，如果只讓愛人光躺著不動，練習的機會就會變得很少，成果也不好，所以雙人親密觸踫遊戲的各種玩法都要吸納後融會貫通，並僅記「溫柔、節奏、力道、玩樂的心、因地制宜」，這就是性愛按摩的組成要素。想要享受一場激情餘盪不止的性愛，還是要花點兒心思的。

完美性愛按摩技法三要點

1. 避免「單一節奏打手槍」，導致「手笨」和「弄痛對方」的後果。
2. 避免「雙手溫柔過頭」，導致沒有互動的單人遊戲。
3. 避免「乏味手法」，導致沒有效果的觸踫遊戲。

全神貫注地關愛對方

很多時候男女的生理需求的節奏感會不一樣。例如，女生生理期前後性感覺比較強，男生則可能因為外在刺激便讓慾望上昇。在這種「一個很想要，一個沒感覺」的狀況底下，我們可以試著用「挑逗按摩」撩起那個沒感覺的人的慾望，也可以運用「親密按摩」作為開始，當作給對方一個禮物。它不需要你的慾望，卻需要你全神貫注地關愛對方。

在高壓力的現代生活裡，或許連休閒時間也無法休息，如果太累了或是沒慾望（此時做一般性交方式會因為心理或生理提不起勁），那麼便可以試著用「性愛按摩」的方式讓愛人很輕鬆的感受到性的刺激，甚至是感受到性的能量。這些按摩手法與態度的學習有很多好處，善加利用能讓你處理親密生活裡可能發生的衝突，維持情緒與身體的平衡。

送禮的心情讓你倆
嘴笑心花開

把性愛按摩視為一種愛人之間的禮物吧！這個禮物將為你們兩人的感情生活增強正面好處。

兩人濃情蜜意時，一段緩和又激情的性愛按摩，讓兩人更熱情如火、甜蜜指數破錶。冷感時，也不需要打開雙腿勉強而為，善用十根指頭就能表達對你的愛意和關心。理想狀態之下，不管雙方結婚多久，用這種方式把愛傳達出去，亦可以化解一些在性愛互動中發生的小磨擦，解除你們之間在性事上積累太久的不滿足。

送禮的態度也決定了收禮的開心程度。真誠，就能讓兩個人嘴笑心花開，一笑抿恩仇。送禮時，有一些狀況提醒你：

1. 心情不爽，就不要按摩

情緒會藉由雙手傳出去。如果你經常光顧按摩師父或整骨師，你一定曾經有這種感覺，他今天是不是趕時間或心不在焉，你都感覺得到。同樣的，當你在幫愛人按摩時，你的心情對方也會知道。

2. 不同的時機使用不同方式

他難過時，給他一個深情的擁抱，他將會感到安全。但如果對方在難過時，你還給個裸體性愛按摩，那是很不妥當的作法。亦或者，對方現在正在氣頭上，你卻說：「我們來摸摸吧！」那對方一定覺得沒理會他的情緒，反而會更感到氣憤。

所以，進行性愛按摩這種親密的接觸要找對時間點，什麼是對的時間點呢？一切從觀察愛人的情緒感覺開始（可以訓練自己從對方的身體訊息覺察對方現在的情緒）。當然，不只是一直觀察或牽就對

方的情緒，也可以主動出擊，安排好心情，特意佈置一個浪漫的環境來緩和兩人之間的氣氛。

3. 重視溝通與回饋

當個好情人要了解你給的禮物是否恰當，否則送完你開心，對方卻沒感覺，那就可惜了。想知道對方領不領情，別不好意思開口問，以直接的溝通來確認兩個人的心最好。除了先前教過的「溫言軟語」話數，你也可以試試看這種老奸的問法：「你會希望我下次如何做呢？」直接讓對方告訴你他要的是什麼。

接下來就讓我們上場運用雙手，創造另一種性愛生活吧！

好玩的來囉！

性愛按摩是愛的接觸，溫暖的、親密的接觸可以讓你倆的親密關係更深化、更堅強。它的三個元素「親密、挑逗、性」各自有各自的要點與手法，練熟之後便可以靈活運用這三元素，把它當主菜，也可把它當作揭開做愛的前奏，當然也可以當作做愛後的甜點。善用這些技巧，讓它在你的生活中隨時綻放。現在，就讓我們開始這一道豐盛的性愛饗宴。

Chapter 1
親密按摩：
十五種手技在親密中放鬆身心

愛人之間的按摩可以很簡單（但不是千遍一律只出一招），也可以很輕鬆（可不是隨便敷衍），更可以是很舒服（絕不是叫你躺著不動）。善用親密按摩（不論是在床笫間或生活互動中），透過你的雙手帶來「傳達情感，增加親密」的好處。

親密按摩可幫助被按摩的人專注在身體上，不再顧慮外界的事情，在持續又緩和的接觸中，可把他的注意力抓回他自己身上，也抓回到你和他的身體接觸上，親密按摩就是這種身心親密的連結。

親密按摩能完全放鬆身心，對方愈放鬆就愈能感到愉悅，在進行性愛按摩之前，如果能讓對方的身體感覺到安全、舒適，以及你對他身體的全面支持，自然能夠建立起你們之間身心親密度和信任感。

溫柔善待身體

俗話説「能者多勞」，很少餐廳廚師回家不煮飯，按摩師父回家不幫家人服務。如果你曾經學過整套的消除疲勞的按摩手法（不論是腳底按摩、指壓推拿法、淋巴按摩法，或結締組織按摩法等），你的愛人可能會出現兩種階段反應：首先，他會握著你的手並且當寶貝般地抹上乳液，然後輕輕放在他的身體上說：「我愛你，來吧！」日子久了，你的手就是理所當然的工具，累了、脖子痠了，馬上抓你的手放到肩上說：「麻煩你用力一點！」

別擔心學會親密按摩之後就成了對方予取予求的苦工，因為親密按摩簡單易學，做起來輕鬆自在，一來不會弄得自己精疲力盡；二來，親密按摩也不需專業認證，你可以教導對方也來為你服務，促進良好的互動。

愛人之間的親密按摩不強調治病療效，而是以身體舒適作為主要的目的，它特別重視身體本身的感受，藉由溫柔地善待身體，帶給身體最美好、最享受的經驗，它更強調身體感受的「最適值」，就是那種「剛剛好」的舒適感，溫暖、貼心又溫馨，就像把你放在軟綿綿的搖椅裡呵護照顧，這就是親密按摩提供的感受。

隨時隨地享受

　　親密按摩可以讓對方在現有的身體狀況下得到一份「剛剛好」的身體舒適感覺，這是隨時隨地都可以享受的美好經驗。人在安全感之下，會有舒適的感覺，很舒服，對，就是舒服，這就是你在這一個階段要帶給對方的感覺。

　　學員們在我的課堂上齊聚練習親密按摩，每個人都感受到了這種「舒服」，你會聽到：「哇，原來這樣也可以很舒服。」、「這樣我真的放鬆下來了耶！」、「這樣讓我覺得很安全、很滿足哩！」、「哈哈，這幾招，我一定要學起來用在他身上！」是的，這是你可以給愛人的一份禮物，親密和快樂，就透過你的手傳達出來。

　　如果這是你第一次進行親密按摩，剛開始時可能會覺得有點費力和複雜，不過，親密按摩沒有任何一個動作是需要你費盡力氣的，它沒有固定的規則（這也是我鍾愛它的原因），每個動作的先後順序皆可由你和你的愛人決定。你可以今天只做腿部按摩，下一次只做腹部按摩，或全身都做，都是可以的。

手法與要點

　　人天生就具有傳遞不同訊息的觸摸能力，無論是充滿愛意、放鬆的，或衝動，或嬉鬧的，而且觸碰不同的身體部位所引起的情欲和情緒感受也會大不相同。透過按摩讓感官逐漸升高時，我們可以體驗到這些細微差異，因此，在不同的觸碰階段裡，可得好好的運用這些身體感受。在親密按摩階段使用到的觸摸方式簡單歸納為兩種：

1. 深情式觸摸

　　這是表達溫柔與深情的方式，讓溫柔成為動情素。你能夠透過雙手將溫柔傳達給愛人時，對方的身體和心理感覺會與你更親近。你可以試著雙手包覆他的頭部或頸部，專注在手心的溫度以及手掌包握的觸感；

你還可以試試看雙手輕貼他的臉頰，想像把深情注入他的皮膚，溫柔而寧靜的感覺這一刻。

2. 放鬆式觸摸

指的是輕柔的撫按，會有安神、撫慰及放鬆壓力的作用。妳可針對他的四肢和背部，甚至是頭部，雙手運用節奏穩定、力道適中的速度包覆移動著，讓他感受被滑過的部位，會有被撫平、被按撫的感覺。

你是否曾經有過這種按摩經驗，按摩時感覺按摩師的手沒有信心、有點怕怕，力量要小不大，毫無方向性也沒節奏感，我就曾經遇過這樣的按摩師，他以為這樣的變化會讓我舒服，其實一點感覺都沒有，只有「無聊」兩個字。所以，在進行親密按摩的過程，切記以上兩個觸摸的要點，記得把這兩個觸摸觀念帶入各種手法中，每個手法都要能傳達深情以及要讓他放鬆的意圖，他必然會接受到妳要給他的親密感受。

親密按摩心法

☆ 輕柔碰觸
☆ 不要中斷肌膚的接觸
☆ 手掌的包覆與延伸感
☆ 引導按摩的人
☆ 詢問被按摩的人的感受
☆ 善解人意的心
☆ 保持愛意傳達
☆ 靜心感受「緩與慢」的人生律動
☆ 韻律與節奏、呼吸的同步

親密按摩學習地圖

START→（**臥姿**）背部→臀部→腿部→腳部→
（**躺姿**）臉部→頸肩→胸部→腹部→骨盆→腿部→
（**坐姿**）頭頸肩背→手部→ END

臥姿

　　請愛人先趴臥著，我們將從背部開始。由於許多手法都可以用在背部按摩，而且背部比前面不那麼的敏感，所以很適合先被你用來當作力道拿捏的練習。

❶ 背部—第一階段

按摩者姿勢：跪坐在對方頭部前方，如果按摩床高度到達你的骨盆位置，可以用站的。

Step1 將對方的雙手放在你的雙腿上增加親密接觸，撥開對方臉上的秀髮，用指腹（手掌輕觸）從頸部朝你的方向撫按至頭髮最末端，重覆約十次。

Step2 將對方的雙手放回臀部旁，讓肩膀貼近床墊，手沾一點按摩油，採用揉捏法，以拇指作小圓揉捏肩膀肌肉，十遍後再換另一邊肩膀。

Step3 抹一些油在手掌上，然後輕按對方的背部，順著脊椎兩側的肌肉進行推展法，推滑下到腰部或臀部（視你的手長而定），接著雙手展開回到上背再做一次，重覆大約十遍。

> **TIPS** 在被按摩的人胸部下墊一個柔軟的枕頭，可以增加舒適感。

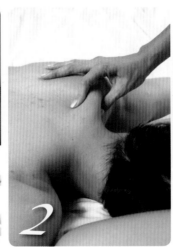

❷ 背部—第二階段

按摩者姿勢：跨坐在對方的臀（腿）部上。

Step1 用拿捏法抓捏對方的脖子和肩膀肌肉，重覆直到感覺到對方的肌肉有些許的放鬆即可。

Step2 抹一些按摩油在手掌上（不抹油也一樣舒服），將雙手掌緊貼脊椎兩側的肌肉，運用身體的重量給一點壓力，從肩膀順滑到腰際，重覆多次直到撫平緊張的肌肉。

Step3 如果覺得重覆的動作很無趣，可以將雙手交叉於脊椎兩側的肌肉上，手指朝左右兩側，利用手掌與身體的重量朝左右兩側推展開來，由上背到腰際再重複，可以作為具變化性的替代動作。

TIPS 按摩時雙手需順著身體，而非強壓於上，請想像自己是個陶藝家或雕刻家，正在塑造一件作品，試著將流暢度和柔軟度帶到自己手上。

NOTE 感覺一下，如果你手掌下的肌肉越按越僵硬，可能是你太用力；如果這塊肌肉感覺不太結實，那麼你可能就是太小力了，對方一點感覺也沒有。至於結實或者僵硬的標準，只要實地多練習就會知道手感和變化。

❸ 背部─第三階段

按摩者姿勢：側坐在對方兩旁或跨坐對方臀部上。

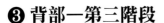

Step1 坐在愛人身旁採用洗衣動作，單手順著對方的頭型重覆撫摸，節奏穩定而平順，這個動作通常會馬上讓人有安心的感覺。

Step2 運用推動式穩定地推動對方全身，讓他放鬆。

Step3 使用拿捏法順暢地進行背部和腰部的拖拉動作。其實通常光這兩組動作，就能讓愛人完全放鬆了，只是過程中必須注意節奏的順暢。

輕柔碰觸 V.S 放鬆機制

　　身體真是一個渾然天成的環保系統，當大腦接收到持續而輕柔的碰觸所發送的信號時，便會分泌讓人感到愉快的腦內啡，此時副交感神經會產生作用讓肌肉放鬆，肌肉一旦逐漸放鬆，血液循環就會再度恢復正常，肌肉組織因此可重獲充足的氧氣，身體就會代謝疼痛物質和廢棄物，體內的自體止痛劑便會開始作用。只要順其自然，在這系統內的壞東西馬上就會被踢出去。啟動循環系統很簡單，放輕、放柔、盡情享受愛自己的生活就對了。

❹ 臀部

按摩者姿勢：跨坐在對方的臀（腿）部上。

Step1 跨坐在愛人的雙腿上，用雙手掌丘揉按臀部。

Step2 換位置到愛人的側面來，運用拿捏法讓雙臀側邊的肌肉放鬆，可順勢抓捏到大腿。

Step3 將手掌平放在對方的薦骨上數秒，以人體的氣場來說，薦骨是身體性活力的後儲藏室，把溫熱的手放在上面可以讓對方更放鬆，就好像氣場大門開通一樣，此外這裡通常會感到涼涼的，手的熱氣也會讓整個後背有串連感。

Step4 將雙手放在薦骨兩邊，手指朝頭的方向，使用拇指腹交互撫按向上推磨薦骨中線，左右來回反覆約三到四個八拍。

　　通常，從背部按摩進行到臀部按摩時，按摩的人也差不多累了，表達「愛意」的支票差不多也在此時兌換完畢，再「認真」下去恐怕會出現透支的慘狀。所以，對接下來的腿部和腳部照顧可直接把對方翻身改由挑逗按摩（請見第100頁）的方式繼續，但切記要延續溫柔感覺，以免前功盡棄。

　　不過，如果你今天特別有精神，或是忽然覺得對不起對方，想給愛人「全套服務」，那就請接續腿部和腳部的親密按摩。

❺ 腿部

按摩者姿勢：**跪坐在愛人腳部前方。**

Step1 雙手多抹些按摩油，跪坐在伴侶腳部前方，從腳踝的地方開始向上輕按任一條腿。

Step2 向上滑動到大腿和臀部，可以一次輕撫一條腿或兩腿同時進行，取決於你的接觸範圍和平衡感。向上按撫時可使用下壓的力量，並保持滑動的動作，只要記得用雙手去感覺愛人肌肉的曲線，整雙手應盡量穩定而且充滿愛意。

Step3 雙掌緊貼皮膚，從臀部、大腿朝小腿的方向移動，雙掌由中線分別撫擦向兩側，這動作可鬆弛腿部肌肉。

Step4 向下滑動到小腿，但要加入一連串的推揉，揉捏時，壓力可放在掌根和拇指上，然後手指向下輕擦剛按摩過的地方，如此上下返回重覆按摩。

Step5 用虎口夾捏法夾捏腳踝，這個動作會讓對方舒服無比，這個平常不會被照顧到的地方，經過虎口來回摸一摸，快樂得都想飛起來了呢！

NOTE 請檢視自己有沒有不自覺的用上指壓手法了。切記，不要用盡吃奶之力拚命壓，只會換來對方的不滿足。

❻ 腳部

Step1 將伴侶的腳丫靠在你的大腿上，一手扣握住腳踝，另一手的拇指用舒適穩定的力道按壓腳底，被如此按摩會有一種從腳底傳到整個身體的歡樂感。接著，請緩慢平穩的把力道收回，把腳輕輕放下，並開始另一腳的按摩。

Step2 將愛人的腳丫呈「內八」的平放，如果是在地板上則可在腳面下放個抱枕。然後背向愛人，把腳跟踩在對方的腳內側中央凹陷處，接著向你的前方，穩定地、小碎步地走，在前進的同時，身體有節奏的左右擺動，一個節奏重心擺在左腳，下一個節奏就把重心換到右腳上，輕鬆地向前行。

> NOTE 在踩腳丫時，切記別把壓力放在對方的腳趾頭上，否則大骨對小骨，小骨一定會哭得叫媽媽。

躺姿

　　躺在舒適的床墊上，臉朝上、胸口朝上，雙手雙腿展開朝上，這個姿勢可以讓人準備放鬆和準備「接收」，發生「期待」的心情，期待你好好的對待他。準備好了嗎？開始善待這個身體、這個愛人吧！

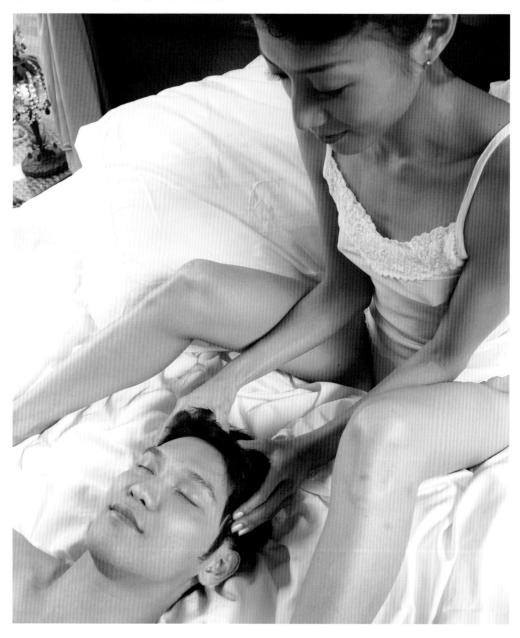

❼ 臉部

按摩者姿勢：你自由選用以下三種姿勢：

1. 雙腿盤坐，讓愛人的頭枕在你的兩腿之間，增加親密接觸。
2. 把愛人的頭輕放在枕頭上，你跪坐在他的頭部前方。
3. 讓愛人躺在床邊的角落，頭朝床角，如此你就可以跪坐在地上，若高度不夠，可以在膝蓋下墊個枕頭增加舒適度。

> **TIPS** 按摩臉部時請特別注意手指是否溫柔地撫摸皮膚，請記得沿著愛人臉上的輪廓和顏面骨作為你撫觸的引導，隨便亂摸可是會讓人感到不舒服的。

Step1 將手掌置放在愛人的兩頰上，拇指放他的眉心，平穩地向外擦壓到太陽穴並揉它，重覆這個動作數次。

Step2 將拇指置於愛人的眉心上，平穩地沿著鼻樑兩側往下按摩，然後從顴骨下方向外畫圓，經過太陽穴，再回到眉心，重複數次。

Step3 改用四指拱起，以指腹向外做按揉，放鬆兩頰可以讓臉部肌肉更加柔化。

Step4 拇指以短暫、下壓的動作揉捏愛人的下巴，下頜兩側也要重複這動作。

Step5 以手指溫柔地輕擦皮膚、撫摩喉部到耳朵，並用拇指和四指指腹在耳垂及耳朵的四周作揉捏動作。

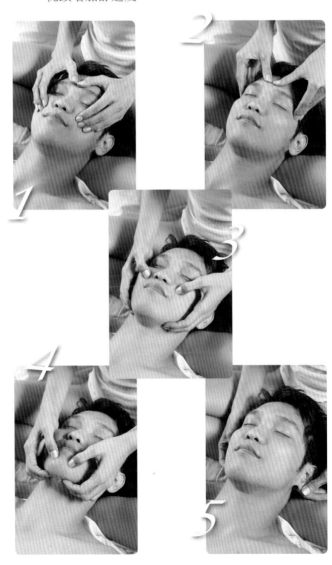

❽ 肩頸

按摩者姿勢：維持臉部動作採用的姿勢。

Step1 以揉捏法抓捏愛人的肩膀，放鬆肩膀後，愛人會有極佳的自在感（如果你的手掌厚實又多肉那更棒）。

Step2 將手掌放到愛人的頸後，以拿捏法放鬆緊張的肌肉，一旦頸部獲得放鬆，也會立即對上背部產生影響。

Step3 手掌帶動手指沿著頸部、耳後向頭頂按壓而上，撥弄愛人的髮梢，帶走對方頭部殘留的緊繃感。

　　透過臉部和肩頸近距離按摩，可以很貼近地看到愛人的臉在你舒適溫暖的手中變得柔和又放鬆，這樣的表情變化，能立即為彼此帶來平靜的氣氛。

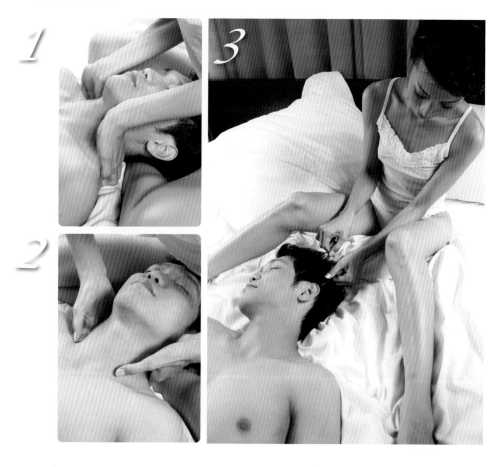

❾ 胸部

如果你打算幫愛人作全身的親密按摩，別跳過對方的胸部，不用擔心太刺激對方（尤其對方是女性），只要你的手法穩定而綿密，對方一樣能輕鬆又陶醉地享受你滿滿的愛意。

按摩者姿勢：跨坐在愛人大腿上。

`Step1` 沾一些按摩油在手上，用掌心的溫度溫熱後輕輕地在對方胸上塗抹開來。

`Step2` 雙手交替用掌心揉摩胸部邊緣，力道過輕對方會無法放鬆，切記別抓捏，會讓對方感到疼痛。

`Step3` 再加一些油，讓它在手心中和手肘內側化開來。然後右手指併攏從胸腔肋骨底端緩緩碎步行走到鎖骨之間，接著再換左手重覆同樣動作，來回數次。

Step4 最後一次左手指滑越對方的鎖骨來到左肩膀（此時你的身體會自然地低下來靠近他），手掌張開，開始揉捏法的抓揉動作，一次又一次地向背後的肩胛骨延伸，每一次的抓揉都能讓他更放鬆，因為你對他肩膀的撥動，他的臉會逐漸朝向你這一邊，這種好像似有若無的擁抱動作，會讓對方很渴望你的擁抱。

Step5 手掌順著肩膀滑動一下（圖5-1）他的左手臂再延線滑回到胸腔中線（圖5-2），再緩緩地重覆步驟二和三的動作來到他的脖子後方，並進行拿捏法多次。每一次手掌愈來愈撐開，就像準備吻他一樣的動作，充滿熱情和柔情的手掌，會讓對方有一種渴望你親吻的感覺。

Step6 針對他的右半邊重覆步驟二到五的動作。

Step7 手尖沾一點油，等手掌畫圓帶動手指到乳頭時，讓指尖順勢留在乳頭與乳暈上，有點壓力的畫圓。

Step8 用兩手指輕輕地擠捏乳頭與乳暈，把它捏成像抿嘴一樣，如果不夠滑順，再加一點油，比較不會有太刺激或痛的感覺（除非你已經準備讓愛人進入興奮狀況），這個動作可重覆五到八次。

Step9 指尖抹上一些油，把愛人的乳頭夾在指縫間，也可以把中指和食指拱起，做出好像要捏鼻樑的掛鉤手手勢，然後緩和的施壓並來回滑動，將帶來前所未有的舒暢感。

NOTE 如果你 愛人的乳頭超級敏感，可以再多加一些油來緩和觸感；如果還是感到太刺激，就略過 步驟八和九，因為我們現在還不希望把對方弄得太亢奮。

❿ 腹部

腹部按摩是一種很特殊的感官經驗。由於腹部是身體重要的中心，負責接收、聚集來自骨盆的感覺，接收到人體的慾望和性慾區的感覺，並且把這些感覺向上傳到心臟，所以腹部對於撫摸有著特別良好的接收能力，也可以因此產生熱量，營造出兩個人信任的氣氛。

親密按摩所採用柔和的手法，能夠放鬆精神壓力及緊繃的肌肉，並且對腹部的放鬆特別有效。我就經常用這方式來緩和與愛人之間的緊張情緒，是建立親密感和信任感一個很棒的方法。

按摩者姿勢：側坐在對方腰部旁邊。

Step1 手上抹上大量的按摩油，並用掌心的溫度溫熱後，輕輕地將雙手放在愛人的腹部上，開始時以順時鐘的方式「繞圓環旋」，把油均勻地塗抹在他的腹部，並以掌心環旋多圈，待肚皮上感受到擴散的熱度，即可變換壓力或施力點。

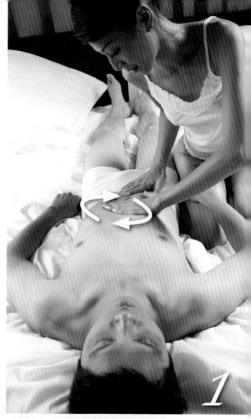

Step2 當愛人腹部的上層肌肉放鬆時，改由單手在下、另一手在上的方式施力。發揮你的想像力，用手掌好似推動腹部表面下的內臟（胃、大腸、小腸）般，順時針進行，仔細感受手掌下方隨著呼吸而產生的起伏律動，並細膩地感受你自己的身體律動，就像在跳舞一樣緩和律動著。

> NOTE 揉動腹肌時，你的雙手會感覺到熱氣上升，這樣的按摩會引發骨盆周圍的身體能量，當你持續多次後，有時女性愛人會開始慢慢地左右搖擺臀部（如果她夠放鬆的話）；而男性愛人有時會有些許勃起狀況，你可以持續這個動作到直覺告訴你該停的時候（只要夠專注就會知道何時該停下來）。

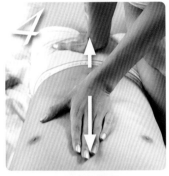

Step3 當停止律動後，雙手置放在腹部上數十秒，觀察一下對方的表情，讓時間停在這個彼此付出關心給對方的時刻。

Step4 接著，將手掌順滑到下腹部的地方，手指朝向恥骨方向，想像你的整個手掌正使愛人的下腹舒展開來，將你手中的熱流與對方身體的熱氣交流。

Step5 雙手溫柔地緊貼皮膚從肚臍反方向畫開，左手向胸口、右手朝恥骨滑過去。並確定按摩油的量足以順暢滑動，否則腹部會有拉扯的痛感。如果感到不舒服，也可以由手掌推動，減少磨擦力和皮膚被拉動的範圍。

Step6 接著採用拿捏法，雙手交替地從腹部抓握身體兩側到胸腔，接著再回到腰部、臀部、腿部兩側，將按摩油擦抹在這些部位。完成後以同樣的方法繼續進行另一側。

⑪ 骨盆

　　腹部按摩除了能增加親密關係的信賴感外，還可把骨盆腔內的肌肉放鬆，增加腹腔肌肉的充血與帶氧量，對於後續的性按摩也會有加乘的效果，幫助高潮感受的推展。當然，如果你接續幫愛人做一些骨盆的按摩，讓對方的骨盆腔關節和肌肉全然釋放，那將對性能量的流動更有幫助。

　　只是骨盆的按摩需要多一點對人體構造的認識，也需要多一點體力才能做得好，建議你讓專業按摩師按摩時，請對方「順便」幫你加強一下骨盆的開啟；或者平時請多作運動，譬如瑜伽就是一種很不錯的自我按摩方式，骨盆轉動的瑜伽動作不勝枚舉，夠你學很久。我們在這裡則示範幾招骨盆按摩供你「品香」一番，但還是提醒你，量力而為。

按摩者姿勢：跪坐在愛人大腿到膝蓋部位旁邊。

Step1 請愛人仰躺，用推動法針對它的骨盆和大腿推鬆他的肌肉。

Step2 一手抵扣住對方的膝蓋窩，手掌抓小腿肚，另一手抓握住他的腳掌，抬起腳，等到確定他的腿完全放鬆在你手上後，開始大範圍地轉動大腿，目的是要放鬆髖關節以及牽動到的肌肉。請小心轉，並且注意轉動弧度並配合你的呼吸，吸氣時將腿帶離自己，吐氣時將它帶回。請重覆四到六次後換方向轉動，之後再換另一條腿。

> **TIPS** 呼吸愈深愈緩慢，你就愈能透過手感覺到每個角度以及對方的腿部的緊張度，太緊時就是太用力，保持旋轉的彈性就做對了。

Step3 緩緩地將對方身體反轉，改趴臥在床上。扶起他的小腿，雙手握在腳踝上抬起他的腿（此時你運用到二頭肌的力量），先確定好你的姿勢是穩定的，等對方的腿的重量全交到你手上時，開始利用身體的上下與左右晃動方式，讓他的腿如水波一樣地微妙晃動。你的身體律動決定晃動的感覺，等到對方屁股側邊肌肉好像完全放鬆後，換腿再進行一次。

Step4 緩緩地為對方揉開臀部肌肉後，雙手掌放在他的臀大肌上，四指併攏扣住尾骨和坐骨之間，開始配合你的呼吸按壓裡層肌肉。吸壓、吐放，仔細去感受手底下肌肉的變化，愈壓愈深但千萬別用蠻力，直到直覺告訴你該停止時再停下來。

Step5 掌心按壓在髖骨上，向腿的方向下推壓並晃動。接著再慢慢地緩和下來，停止動作。

⑫ 腿部

腿部承擔了身體的重量，幫愛人緩和腿部的緊張，也是發揮你善解人意的特質和創造力的好時機（說不定還可以利用這個機會向對方的腿催眠，讓它下次因為生氣而準備跺腳時，會想起你對它的好）。

按摩者姿勢：跪坐在愛人膝蓋到小腿部位旁邊。

Step1 用雙手的大拇指指尖在膝蓋骨四周交替環旋滑摩並按壓。

Step2 大拇指以輕柔的力道深壓膝蓋周邊的凹縫。

Step3 雙手的手指在膝蓋上輕輕搊擊數秒鐘。

Step4 用手掌包握膝蓋繞圓滑動，使膝蓋漸漸緩和下來。

Step5 雙手包覆大腿上方，平順而緩慢地向腳尖滑動，想像你的手像流水一樣流動，不放過任何一個凹縫和凸出，重覆多次（如果愛人的腿很長，那麼請分段滑動，從大腿到膝蓋、膝蓋到小腿）。

Step6 按摩到小腿時，可將對方的腳放在你的大腿上或平放於床上，雙手包握到腳丫時可使用有三種滑動方式，作出漂亮的收尾動作：

1. 手掌帶動指尖，從腳背到腳尖，像滑水道一樣地滑開來。
2. 雙手包握到腳跟時，四指向下抓握腳底，手掌和拇指依然留在腳背上，包覆滑動到腳尖。
3. 雙手包握到腳跟時，一手在腳背，另一手滑到腳底，讓雙手包覆整個腳掌，由腳尖滑開。

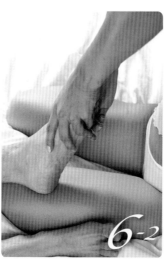
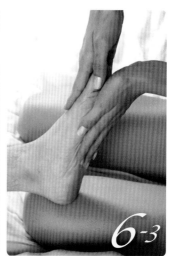

坐姿－平時出其不意

　　親密按摩除了可用來增進你和愛人的親密度，也可以被用來訓練手指的靈活度，還能透過它了解愛人的身體喜好，更棒的是，它不僅可使用在床上還能運用到生活中。有時不需要做全身的親密按摩，局部享受也能讓愛人身心開懷又暢快。平時你倆一起坐在沙發上、坐在地板上時，都能伺機而做，兩人相對無言時、無聊時或聊天時都可以用來增加親密度。

⓭ 背部（頭、頸、肩、背）

按摩者姿勢：跪坐在愛人的背後

Step1 請愛人以舒服的姿態盤腿坐著，將雙手掌心輕輕地覆蓋在對方的頭上，手腕放鬆，手臂用一點力帶動手掌，從頭頂輕撫到頸部

Step2 接著順撫到肩膀，將注意力放在手掌心，包覆住斜方肌，向外推撫到手臂，再將雙手從他的手肘滑落，之後緩和地回到頭頂，重複步驟一和步驟二多次。

Step3 然後回到頭部，順著頭型滑落到頸部，沿著脊柱兩側的肌肉，以同樣的力道與包覆力，順撫到臀部後方，重覆數次。這個動作要從頭順利滑動到尾椎，需要手腕的靈活度和腰的柔軟度。

TIPS 如果步驟三的動作太吃力，則跪坐在他的側邊，用你比較順的那隻手從他的頭頂撫順而下，沿著脊椎滑落到尾椎。也可以用同樣的動作撫順整個背部，重複幾次，用平穩的節奏讓他的背部放鬆。

❶ 手部

按摩者姿勢：可以選擇一個不會帶來壓迫感又可以讓他注意到你的最佳位置——愛人的側前方45度的位置——坐下來。

Step1 將對方的手輕放在你腿上增加接觸，不管他現在眼睛看不看你，你和他的身體都有了連結，而且是不侵犯的連結。

Step2 運用揉捏法，從手臂上方到手肘，順著整個手臂的每塊肌肉都揉捏，重覆幾遍，這樣就可以使手臂上的經脈順暢了起來。

Step3 使用手掌包覆法，深情而溫柔地從手臂接縫處開始，順勢包覆手臂所有的肌肉，來到手掌，再順滑過帶離指尖，重覆多次。這樣的包覆，會讓人有安全感、舒服感，身體放鬆了，心也鬆了，愛人很自然地就會轉頭過來深情地望著你了。

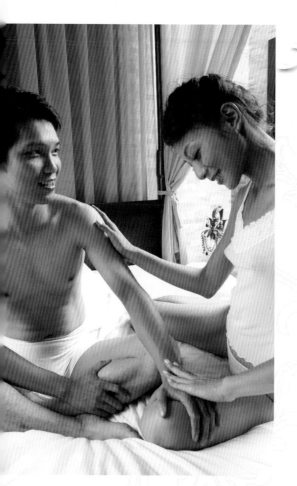

⓯ 你還可以這樣做─親密按摩迷你版

按摩者姿勢：站在愛人後方。

Step1 讓愛人仰坐在沙發上（要能讓對方舒服的寬度才行），背後放一個大枕頭，被按摩的人放鬆頭向上仰。讓愛人可以靠著你、感受到你的體溫會更好。

Step2 藉由這個角度輕撫對方的臉、脖子、胸，為他作一小套親密按摩。

Step3 另可讓他的單腿彎曲，你則跪坐或站（端視你和他的高度配合而定）在他蜷起的腿旁，這角度正好可用雙手撫磨他大腿內側與外側，讓親密感倍增。

Chapter 2
挑逗按摩：
八款挑逗喚醒全身感官

如果你覺得枕邊人不解風情，沒讀出你心底的期盼，按摩時還睡著，這時你可以來點有點辣又不會太辣的手法——挑逗按摩。挑逗按摩主要作用在於「增加情趣，增加觸覺愉悅」。不管你是在幫愛人按摩時或平時的互動中，把具有挑逗意味的各種觸摸方式交替運用，便可以掌控並增強對方的期望與欲望。

挑逗讓身體保持敏感

由於身體的神精末梢會逐漸習慣規律的觸摸模式，然後愈來愈沒有反應，透過挑逗的變化，可以讓身體繼續不斷猜測、繼續不斷想要，因而繼續不斷保持敏感。想一想，有什麼事情可以比你的愛人對你一直保持興趣還要美好。

兩人初相戀時，交感神經系統會因為想像而處於緊張的興奮狀態，加上觸覺感官尚未疲乏，簡單的碰觸都會帶來強烈的刺激。可是，相處久了，固定的碰觸方式以及熟悉的預期效應，逐漸降低了觸覺感受。這個時候如果懂得挑逗觸摸，適時的轉換觸摸手法，變化身體各個部位的觸覺刺激，不用靠腦袋性幻想就能夠帶動兩人互相調情的感覺。

因此，挑逗按摩無論是運用在愛人沒有感覺的時候（就是對方好像角質層厚到怎麼摸都不起勁時）；也可以用在剛開始熱戀時增強對方愛你的程度（情趣永遠不嫌多）；當然也很適合用在老大老妻的狀態（別自以為很了解對方的身體敏感度，事實不然）。來一段挑逗按摩，絕對能喚起你們的感官，再沒感覺的人透過挑逗按摩的技法都會感受到激情。

認識觸覺

「觸覺感覺神經元」是人體中分布範圍最大、變化也最多的一種感官，感覺神經的末端分布在皮膚上，每平方公釐就有二十五個觸點，託這些感覺神經的福，我們才能有「觸、壓、癢、痛、冷、熱、拉扯、震動」這麼多種的感覺，因為有它們，生活才能多采多姿。

找出性感區與愉悅區

　　身體部位可分為性感區與愉悅區，對不同區塊按摩會產生不同的感受與刺激。現在請將下面「性感區」與「愉悅區」這兩份清單交給你的愛人，請他圈出希望你「特別注意」的地方，「特別注意」的意思就是進行按摩時需要「多加強」這些部位，並不是叫你忽略其他部位，除非對方跟你說其他的某些地方別浪費力氣了。

性感區

愉悅區

唇、舌
胸部
乳頭
鼠蹊部
臀部
頸背
耳垂
大腿內側
恥骨
（男性；陰莖）
（男性；睪丸）
肛門
陰部
腳趾（腹、尖、夾縫）
手指夾縫
手臂外側
手臂內側
背
頭
臉
下巴
胸口
肚子
身體側邊
腳板
膝蓋內側

手法與要點

「挑逗是一種不保證兌現的性交承諾。」米蘭昆德拉的
《生命中不可承受之輕》

挑逗的重點是:「我知道你想要什麼,而且我也會
給你,只不過⋯⋯等一下⋯⋯嘿嘿⋯⋯才會給。」從這
個字裡行間,你或許也嗅到了一點點它的魔力。是的,
挑逗就是在升高對方的興奮感時收手、然後再次把他的
慾望提升到更高點(成為一個「奸巧」的人是不容易
的,呵呵)。

挑逗按摩階段所使用到的觸摸方法與概念,我統稱
它為。「挑逗式觸摸」。「挑逗式觸摸」就是要具有挑
逗功能的觸碰方式。要能帶來挑逗的樂趣就得變化手勢
和接觸面積並且做到出其不意。

所以,當你進行挑逗按摩時一定要記住以下三個要
點:
☆ 轉換觸摸手法
☆ 變化身體各個部位的觸覺刺激
☆ 帶動調情的感受

請在心裡默念三遍,讓這三個概念深植到你的腦海
裡,然後順著你的感覺走。接下來我們要介紹的挑逗
按摩手法,適合拆開來在親密按摩或性按摩的過程中使
用,也很適合被你靈活運用在生活情境中。

性愛按摩學習地圖

START→找出身體的性感區與愉悅區→(**臥姿**)
全身瀑布式按摩→頭部→背部→腿部→(**躺姿**)臉
部→手臂→胸部→腿部→足部→ END

臥姿

❶ 先來個全身瀑布式按摩

按摩者姿勢：先跪坐或站在對方頭部前方，步驟三時移動到腿部位置。

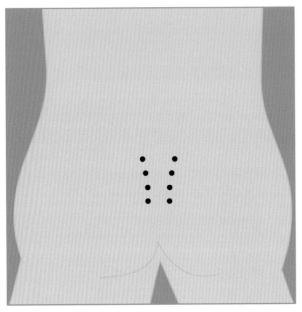

八膠穴位圖

Step1 五指張開利用抖震法彈點（輕輕地拍點）頭部——由脖子往頭頂帶，重覆數次。

Step2 來到脖子，由肩膀開始，順著脊椎兩側往臀部方向帶，並由臀部兩旁的「八膠」穴點往尾椎骨帶，再從尾椎延著脊椎線，向上彈點到脖子。

Step3 接著移動位置到對方的腿部來，從腳踝開始向上彈點到到大腿外側，延線再上到臀部外側，到尾椎畫半邊的臀部，向下彈點到大腿內側，循線回到腳踝，這樣重覆三至五次後，再換另一條腿。

1

❷ 頭部

按摩者姿勢：跪坐或站在對方頭部前方。

Step1 將雙手拱起放進對方的髮絲裡，想像自己的手指好像蜘蛛腳一樣輕輕爬動，在頭皮上方輕輕地撥動髮絲，這會讓人產生極度搔癢卻又溫緩的舒服感。

Step2 撥開對方的頭髮讓頭和脖子接合的髮際露出來，用你的指尖來回撥動髮根，可用抹式和指尖迴旋式手法。

Step3 利用指尖或指甲，輕撫對方的耳朵邊緣數次，想像是在摸對方耳朵上的汗毛般那麼輕巧。這時，你的指尖可以輕畫他的耳骨，但無須硬要再深入（因為現在你的主要工作是挑逗，不是要幫對方挖耳朵）。

❸ 背部

　　挑逗雖重視變化，但你也可以一招（一種手法）打天下，只是你一定要知道對方喜歡你碰他哪裡，除了讓他事前告訴你，接下來我就要告訴你還可以怎麼做。

按摩者姿勢：**跨坐在對方腰臀部位。**

Step1 看著愛人的背觀察他的呼吸起伏，並且跟著他呼吸。「斜方肌」像一個美麗的盾牌緊抓在他的背部重要位置，這個部位面積夠大可以讓你玩很久，別放過。進攻這個部位不但比較不容易腰痠，而且還很容易觀察到對方的興奮程度，因為他的手和頭都能靈巧地馬上把這個亢奮的部位撐起來靠近你或離開你，享受欲拒還迎的快感。

Step2 試著採用抹式和指尖迴旋式手法順著他的脖頸滑到肩膀，或從脖頸沿著脊椎兩側滑到斜方肌末端（大約是肋骨中心點的位置），速度愈緩慢又輕巧，他愈能感受到身體欲望的能量變化。撫摸的路徑可改變，但別一直改，大約二至三次後，如果他這一邊（這一條線）非常酥麻了（這邊的肌肉會緊繃，身體會微微抬高），這就是你準備換到另一邊的時候了。

Step3 你也可以改由嘴唇按摩，請先從「輕觸」開始，別把嘴唇緊貼肌肉，否則會像揉蕃薯一樣，只有柔軟的舒服，而沒有酥麻感。

Step4 更可以換成舌頭上場。請嘗試舌尖、舌面、舌後的不同接觸。用舌面由斜方肌末端上舔到脖子，再由末端輕輕吹出一口綿長的氣，一路向上帶到脖子，再吹回到末端。

Step5 背闊肌的兩側（也就是身體軀幹的兩側）為這個身體前面與背面的交接處，正因為它的模糊性，所以更能將撫觸的曖昧推到極致。請將雙手掌靠著脊椎兩側像扇子一樣張開，手指無壓力地靠在背的兩側，放鬆地輕揉他的背闊肌，由上到下，由下到上。

Step6 如果對方覺得兩側搔癢難耐，請將雙掌回到脊椎兩側，停三秒，等他的身體緩和下來後再給手掌一點壓力，用包覆式的方式，將手指帶到腰側停兩秒，再開始剛剛的撫觸，這樣可以安撫因搔癢而扭動的身體。

❹ 腿部

按摩者姿勢：**跪在愛人的兩膝之間。**

Step1 用指腹作出抹式動作，輕輕撫觸他的腰、臀、大腿、小腿肚，這些動作可由輕到重逐漸增加手指的壓力，也可以用梳掃式增加這些部位的活力。

Step2 以梳掃式向下延伸到他的大腿內側，也可以變化力道和速度來增加這個部位的敏感度，來到膝蓋窩時，這邊特別敏感，力道可以放輕一點。

Step3 同樣的方式來到小腿後，再回溯到臀部，此時，建議你變化成手背輕挑的方式，從小腿內側，保持輕微的力道，向上刮搔到大腿內側，來到臀部，這會讓愛人感到無比的歡樂。

Step4 對許多男性而言，這樣的輕柔動作似乎太無關痛癢，因此可以在最後結束時，將手捲縮到對方的臀部上端，讓感覺直接傳遞到他的脊骨，就會有反應了。

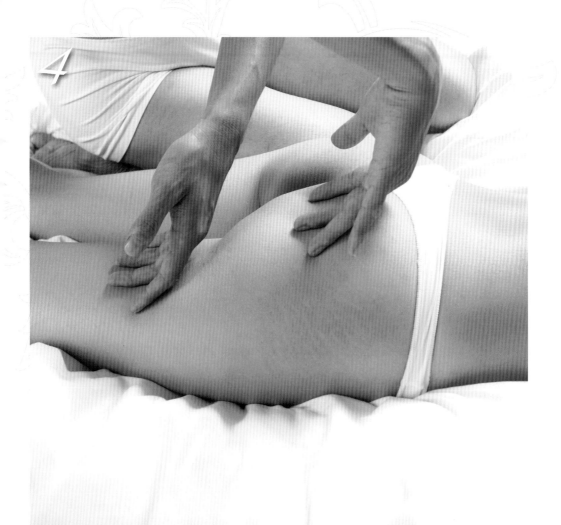

挑逗的力道與速度

關於力道

挑逗的力道要配合對方身體的興奮程度。不興奮時採用從緩和到較強的刺激，或是轉換刺激手法。較興奮時，可以直接用較強的刺激，配合強烈的身體興奮(用指甲掐抓對方或咬)。

在不興奮時，用強力的方式，也會帶動強烈的慾望，不過，得看氣氛和對方的狀態（也就是看他皮厚的程度囉）。

關於速度

越輕巧的速度越慢，越重壓的就越可以增加速度。

躺姿

❺ 臉部

按摩者姿勢：跪坐或站在對方頭部前方。

Step1 拇指放在下顎上方，其他手指交叉放在下顎下方，在此處周圍滑按，接著雙手拉開，沿著下顎輪廓線展開，重覆多次。

Step2 用拇指或其他靈活的手指，以滾按的手法，從鼻樑到鼻尖輕撫對方的鼻子，重覆這個動作數次。

Step3 指尖向下滑到他的雙唇，順著唇線輕拂。

Step4 手掌回到下顎，重覆步驟一的動作一遍，手掌帶動手指滑動到耳朵，以食指和中指輕夾耳骨，輕輕地用指尖揉揉他的頭，如此會帶來輕盈的酥麻感。你也可以改由食指和拇指夾捏耳垂。

Step5 將雙唇接近他的耳垂，親吻、含舔；亦可用舌頭攻勢，探探他的耳洞，但請控制你的舌頭慢慢地進入、慢慢地轉彎，別像啄木鳥一樣猛攻，那會有震耳欲聾的煩躁感。

> NOTE 舌頭要進去之前，
> 請先吞一下口水，別把你的口
> 水都沾粘到他的耳朵裡面去
> 了。

❻ 手臂

按摩者姿勢：跪坐或站在對方手臂旁。

Step1 將愛人的手掌轉面朝上，手掌平按手臂內側肌肉，輕柔而有節奏感，這可以讓他有安定下來的感覺。

Step2 用指尖輕拂手肘的皮膚皺摺，只要沿著關節線不斷作旋渦式滑動，有時指尖，有時指甲上場，效果更撩人，這個部位你可以玩久一點。

Step3 接著將指尖滑到他的手掌心，在手心每個部位畫出一個一個的小圈圈。特別注意他的掌丘，大部分的人這兒都超有感覺的，怎能放過。

Step4 延續步驟三的手法向手腕滑動，這個部位可別放過。

❼ 胸部

關於胸部的挑逗，想必你從小到大遇到每個身體，都不會忘記這個部位，多多少少也都有自己的功力，所以我在這只秀一小招，當作伴手禮。

按摩者姿勢：跪坐或站在對方腰臀部位，也可以在身側。

Step1 將你的五根手指貼在對方的胸口，手臂請用一點力，但別把手的力量全壓在對方胸上。

Step2 針對對方的左胸部，順時鐘輕掃，接著再到乳頭位置畫圓圈。

Step3 學習土著用手抓米的手勢，五指一起靠攏，這樣才能把米飯揪成一團，愈捏愈尖挺、愈實在。

NOTE 特別提醒男士，在按摩胸部時，可別以把女生的乳頭刺激到尖如鑽石為目標，因為乳頭挺了不代表她的興奮點就來了，持續的撫觸沒有錯，但別硬要弄挺而猛捏猛搓，反而會讓女生不舒服。

❽ 腿部與足部

按摩者姿勢：跪坐或站在對方腿側，按摩小腿和足部時可換到腳底的位置。

Step1 如果你的愛人熱愛運動，他的腿部肌肉會很緊張，你需要先為他做一些揉捏或推動式的放鬆按摩，可以採用抖震法彈點大腿內外側。

Step2 等肌肉較平緩不緊繃後，手由大腿滑落到膝蓋，四指扣在膝蓋窩，由大拇指來回輕揉和輕拂膝蓋骨，只要他的骨膜沒受傷，這裡一定會帶給他很舒爽的感覺。另可加一點吹氣拂動膝蓋上面的毛髮。

Step3 將對方的腿抬起立在床上，用手指輕劃大腿背部和內側，這能夠增加他的亢奮感，細膩地按摩皮膚更能擴大興奮感。

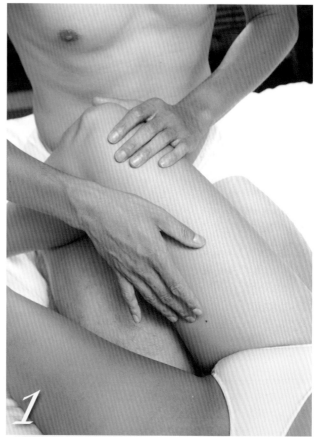

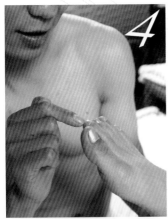

Step4 把他的腳放直在床上或把腳Y靠在你的腿上,用你的指尖在五個腳趾頭的接縫處或趾尖繞圈圈。

Step5 除了指腹,可再試著用指甲推進每個趾縫裡。

> **TIPS** 如果你的指甲修剪成方型而非圓型的,效果更明顯,可以用指甲側邊逗弄他,讓他感受到更多的電流。

Step6 持續按摩腳趾,因為這裡有太多意外的驚喜了。請將對方的腳趾逐一握在大拇指和食指之間,輕輕拉扯並用均勻的速度揉捏和撫摸它們。

Step7 深情地親吻並用舌頭(或是指尖、指甲)溫柔地試探每隻腳趾(當然事前的腳部清潔是基本禮儀啦)。

> **TIPS** 腳趾夾縫、腋下、下巴、手肘、膝蓋內側這些平時會被我們「夾住」的部位,不容易被碰,表皮也比較薄,因此末梢神經就比較敏感和容易接收訊息,這些地方可說是「敏感處女帶」,它會為你帶來許多新鮮感,快快進攻它吧!

挑逗之後，
性愛按摩之前的五個步驟

挑逗按摩讓愛人心癢難耐了嗎？倘若你接下來想繼續進行性愛按摩，請先利用以下步驟緩和剛剛的搔癢感。

按摩者姿勢：跪坐在對方腳底的位置，步驟三時跪坐到對方兩腿之間。

Step1 握住對方的兩邊腳踝內側——這一技巧可以讓他的性活力先平穩下來，能讓他有時間來吸收新的感覺。這會帶來安全感，這也是能夠達到高潮所必需的身體準備。

Step2 慢慢地用手掌向上推動脛骨內側滑到膝蓋上面，再向下撫按脛骨外側滑到內腳踝，重覆這個循環動作約四到五次。

> **TIPS** 注意配合愛人的吸氣時，你的手才向上推動，吐氣時則滑下來。你們會漸漸地配合出一套默契來，這樣持續幾次，腿部會開始感覺到輕盈，就像要飛起來似的。

Step3 接著，將對方的雙腿打開一些，並跪坐到他的兩腿之間。運用你的手掌貼合大腿肌肉的方式，讓你的雙手從大腿內側慢慢地向上滑移至會陰處。

Step4 然後分開沿腹股溝移動指腹（此時指腹用點力），接著從髖骨向下滑拉回到膝蓋，圓滑順暢有節奏地重覆這個循環多次，直到你的呼吸跟他的呼吸配合得很舒服又自在。

Step5 接著慢慢地減輕手的壓力，直到你幾乎沒有觸碰到他的皮膚似的輕柔，在這個過程，你一定可以觀察到對方身體的變化（例如女性的陰唇會慢慢地濕潤了，男性則可能有些許的勃起）。此時請溫柔地停下來，一手服貼對方的陰戶，另一手則輕貼他的大腿上和他一同呼吸。直到你準備好帶他進入下一個階段，再開始行動。

1

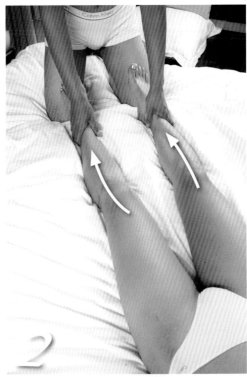

2

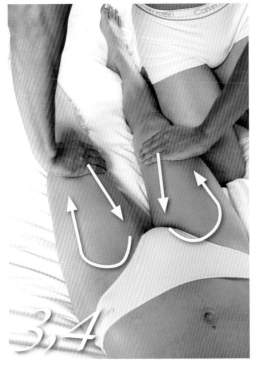

3.4

5

八種催情小幫手

除了徒手挑逗愛人的身體，你還有許多輔助小幫手可以增添情趣，譬如：

1. 乳液或按摩油

乳液或精油可以增加接觸的順潤感。尤其當你使用其他身體部位時，譬如「爽乳按摩」——用乳房幫愛人來一場超級柔軟的按摩——包他全身麻酥酥。若外加兩片屁股肉上場，來個「豐臀按摩」，包準好玩到尖叫。

2. 沐浴乳

如果你選擇的按摩地點是在豪華飯店，它還有個豪華浴室，那你可得把握這麼好的機會，學習泰國浴精神。用上大量的沐浴乳搓出泡沫來，左搓揉，右洗洗，用你的身體，來按摩他的身體，開心大玩鴛鴦浴。

3. 頭髮

別忘了妳身上還有一項挑逗利器，那就是三千髮絲。不同質地的髮絲會帶來迥異的快感：黑直髮刮搔力十足，軟絲直髮有如風親臉頰一樣溫柔，中捲燙髮則有多層感受。請他躺在床上，為他全身撒上奇幻觸角吧！

4. 食物

當然，你還有許多其他輔助工具可以選擇，食物就是其中一種，但最好選擇甜食和水果，例如巧克力和草莓，不然搞得身體油膩膩，菜色黑掉，興致都沒了。

5. 冰塊

有時，還可以學學日本藝妓的絕技，來個「櫻花按摩」。將一顆冰塊放在你的手中，讓水滴在愛人的身體上，接著，用舌頭把水滴緩慢地撫平，包準能一步一步地喚起他全身的細胞。

6. 叉子或筷子

刀叉、筷子不是只有吃飯的用途，最好選擇鐵製材質的刀叉、筷子把它們拿來刮搔愛人的手、腿內側、腳底、背脊，用湯匙來秤秤兩顆小丸丸的斤兩，搔癢一下它們，這些廚房用具會很開心你讓它們為這個家有了更多貢獻的機會呢！

7. 羽毛／粉撲／毛刷

柔軟的毛刷和羽毛是情趣大餐的助興工具，同時也會帶來視覺感官的刺激。用羽毛（或羽毛扇）大幅刷搔他的全身，用粉撲輕觸對方的敏感處，用毛刷緩慢且溫柔地在胸前、背部、大腿內側的肌膚上畫上小圓圈、螺旋形或心形，不斷地重覆到他滿意為止。

8. 薄紗、絲綢或天鵝絨

　　觀察愛人對不同質感的反應來實驗誘發觸覺，半透明、纖細的薄紗，輕如羽毛，輕輕地拖刷過體表，很容易讓人感到興奮，尤其是肌膚細緻的女性身體。女人對這些輕柔的接觸特有感覺，絲綢的感覺柔軟細緻，會帶給身體涼爽平滑的質感，這些質材都可以被你用在脖頸、腹部、手臂大腿內側、乳房、腰際等處。

　　體毛較少的亞洲男性通常也有福享受這些細緻觸感，可是如果妳的Honey正好是毛多的外國人，那還是派手指上場玩玩他的毛就好，因為羽毛刷在他身體上，那等於是一張紙放在CPU的接腳上，毫無動靜，當然如果你想把這場遊戲當作視覺享宴，自己看得開心也可以。

　　其實，這些小撇步都是為了喚起愛人的身體敏感度，只要你把研發嶄新而刺激的身體觸摸技巧當作是個人能力的考驗，然後運用在他的身上，你的愛人永遠都會感激你的。

Chapter 3
性愛按摩行前說明：
一緊一鬆間高潮迭起

有人說：「性是身體很好的潤滑劑」。我頗為贊同，如果我們能有一個很好的照顧身體、激勵身體性的感受的方式，去開發它、去除壓抑，不用灌湯藥強精補血，永遠都會是一條活龍。

重燃身體的性活力

性愛的活力是很容易顯露在外表被察覺到的，記得多年前的一個陽光熠熠的午后，和某前男友一起在加拿大蒙特婁歐式磚瓦街道上漫步的時候，迎面而來的一對情侶十指交扣、微笑示意般地向我們打聲招呼。待與他們擦肩而過後，我身邊這位男友低下頭，偷偷地跟我說：「他們剛剛有做愛，兩個人的臉上都很有光采，紅潤紅潤的！」

不管我怎麼狐疑地想著他腦袋裡裝著什麼東西，或是爭辯那是因為光線亮的效果，我還是會不自主地看著男友的蘋果臉，心想：到底是因為加拿大的艷陽？還是因為昨晚過得很快樂？哈。

如果有一天，你的朋友指著你的臉說：「咦？你昨天有做愛喔！」你可別當玩笑話，其實它有很高的真實性。做愛做得舒服，心情就會愉快，做事有活力，連走路都有風。只可惜，我們的生活中有很多事要做、有很多事要想，高度用腦後，會忘記照顧自己的身體，尤其是身體的性感受，因而讓身體像卡死的機器，沒了潤滑，忘了小時候我們的身體活力旺盛得像座活躍的火山。

如何讓死火山復活、潤滑我們僵硬的身體呢？性按摩是很好的方式，它能讓你在一鬆一緊之間享受高潮迭起。在我的教學經驗裡，接觸過性按摩的人之後都會變得很有活力，常有學員說：「從來不知道自己可以有這麼多重層次的高潮，爽快！」甚至還有女學員因此改善了生理痛。不論效用如何，我確實看到了眾信徒的滿面春光，包括我自己的和我的愛人。

性愛按摩的作用

如果你問我，性按摩主要的作用是什麼？我可以告訴你，它對兩個人能產生的作用力可多呢！性愛按摩結合了能滿足兩個人之間「傳達情感，增加親密」的需求，以及「增加情趣，增加觸覺愉悅」的渴望，還能讓人身心完全放鬆的去感受性愛刺激，真是棒透了。

性按摩著重的是「追求身體的愉悅」，進行流程就是要身心完全放鬆的去感受性愛刺激，讓身體從平日生活緊繃狀態進入以下的性愛感受循環：

放鬆全身→喚醒全身觸感→提高觸覺感受力→提高性感部位的觸覺感受力→然後放鬆→刺激→放鬆→再刺激

就我多年來的教學經驗，不論是耳聞或親眼目睹，體驗過性按摩的男人大多可感受到「激烈的爆發」，而女人則可感受到「體內深處的震動」。如果你也很想開始品味它的滋味，不論你將體驗到什麼，我能確定這絕對會是你值得一試的年度新鮮事！

手法與要點

基本上，性按摩的手法結合了前面兩個章節提到的「深情式觸摸」加上「放鬆式觸摸」再加上「挑逗式觸摸」，但是這邊有幾個要點提醒你注意：

要點一：**專注力百分之百**

性愛按摩能夠增進兩個人的親密感覺，是因為按摩的人必須不間斷的關注對方的反應和感覺。進行性按摩的同時，讓自己百分之百專注心思在對方身體上，才能調節呼吸與雙手節奏，讓被按摩的人放鬆，進一步感受各種不同刺激。

變換手法時，同樣專注在對方身體反應上，一些些細微的改變，都會影響對方的身體感受。被按摩的人透過實際的身體感覺（舒服、性愉悅）去感受對方的關注

與付出，這一種細密而綿長的接觸，絕對可以增進兩人的親密。

要點二：**心不靜時不做**

性愛按摩，需要彼此的放鬆與專注。切記，兩人無法靜心的時候，不要做性愛按摩。因為心煩意亂時，只會讓彼此因為混亂的呼吸與節奏而產生不愉快。你可以透過觸摸測試，看對方身體的表現。譬如，對方今天一直在氣你說的話，請給他一個無言語的長時間擁抱，而不是性按摩，否則反而適得其反。

同時按摩者也要以自己的身體節奏來決定適不適合進行按摩接觸，如果你心煩意亂，奉勸先調節一下身體節奏比較重要。

要點三：**要高潮也要有共識**

性愛按摩可帶來強力高潮。透過雙手對性器官多層次、細緻的觸感享受，會引發更強力的高潮。體驗一場性按摩，就會讓對方有機會得到「強力高潮」。一山比一山高，要High就要更High，可是今晚要不要High，要由你倆都同意才決定。

Chapter 4
性愛按摩〔男人篇〕：
三十二招要他持久又「性」福

在愛人的身旁跪坐下來，美妙性按摩的儀式要開始了。妳可摸摸身上的絲絨或地上／床上的布絨，這些東西不只為了好看，也能馬上派上用場。它們滑順的觸感能讓心情更為平順，藉助這些工具靜心、增加心裡的愉快，才能把愉快的心情傳染給對方。在開始以下學習之前，請先閱讀第三章〈性愛按摩行前說明：一緊一鬆間高潮迭起〉（見第122頁），讓性愛按摩有更完美的開始。

幫他暖暖身

Step1 用推動式鬆開他的身體，並加強骨盆的鬆動。當妳觀察到他的身體極度緊繃時，請為他作四肢和腹部、胸部的放鬆按摩，這樣的緩和，有助於他更高層次的身體感受。

Step2 為他上油，多一些也無妨，當妳的手在滑動時感覺到粗糙或有阻礙感，這時就是該補充按摩油的時候了。

Step3 單手包握住陰莖，手長的人請把妳的手指壓在會陰上，另一手則手指朝頭的方向，以手掌貼住下腹，接著向上滑動，滑過胸口到喉頭，想像幫他順開胸口鬱悶般的推開來，手輕盈地離開再回到下腹部，重覆這個循環三至五次。

Step4 只要妳確保手中的油夠多，滑動起來沒有阻礙，那就不用擔心會把他的「寶貝」捏斷。請把注意力放在身體節奏上，像學跳舞一樣，在心中默數拍子，配合他的呼吸而增加或減弱拍子的長度，妳便能逐漸抓到和他身體共創出來的節奏了。

更瞭解他，搞懂男性外生殖器官

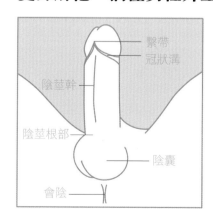

繫帶
冠狀溝
陰莖幹
陰莖根部
陰囊
會陰

喚醒「寶貝」九種按摩手技

如果他現在的陰莖是軟的，那妳可要好好把握這個超手感的好時機，使用這八個手技，享受一下陰莖在手中慢慢苗壯的樂趣。

手技一：掐麵糰

坐在他的左側，請妳把雙手帶到他的陰莖面前，左手從會陰處撈起陰囊，右手則從恥骨的位置滑落到陰莖根部，虎口與虎口相對，讓他們安全地在妳的虎口裡。來回抓揉妳手中的麵糰，以四拍的節奏速度完成一個抓放的動作，揉掐陰莖根部到整支充血飽滿為止。

如果妳是手指長、手掌比較大，還可以把虎口改為食指和中指的接縫處，這樣一來，手掌更能貼合他的肛門和會陰，手指也多了許多伸展空間，左手手指可以挑逗到大腿內側，右手手掌也多了空間貼合腹部，提昇了他的許多舒服感。

手技二：抓揉肉丸

用妳的右手拇指加上食指（有時可加中指輔助力道）抓扣住陰囊根部，讓這顆蛋蛋在妳的虎口的淫威之下，脹飽地凸顯在妳面前。此時換妳的左手上場，拱起五爪，用妳的指甲或指尖抓耙手中的肉丸，或改由掌心磨磨它（這兩招只對陰囊具有敏感度的人有效）。

妳更可以用掌心和手指一起夾攻的方式，以充滿肉感的掌丘抓揉它，增加柔軟的壓力和舒適感，以二拍為一次拍捏運動，重覆二到四個八拍。

手技三：**抓布袋**

　　如果他擁有長包皮，那就先跟他的「長布袋」玩一玩吧！利用兩手的食指和拇指，一舉將包皮抓起，讓整個陰莖依靠著包皮吊在妳手上。接著以逗弄魚兒的垂吊方式，上下拉動包皮，讓龜頭一會兒露出，一會兒又不見。記得，這動作主要是讓他感覺到龜頭被包覆的感覺和繫帶被拉扯的刺激感，如果他沒這些感受，請免去這動作。

手技四：**拉提蛋蛋**

　　為他的「寶貝」再多加一些油，雙手採用拿捏法交替循環地從會陰抓拿妳手中的陰莖，並做睪丸拉提的動作，他會感覺到一種舒服的緩和刺激。

手技五：**揉珍珠**

　　請妳的右手來到會陰的地方，手掌整個抓住陰囊根部，並往陰莖根部推擠，接著讓食指和拇指靈活地拿捏陰莖根部，抓扣住陰莖根部並讓它豎立起來。這個動作能帶給他更多的刺激，增加充血量。

　　如果這個手勢對妳來說很吃力，那就直接改為拿捏陰莖根部即可（左圖）。然後用左手食指、中指與無名指扣住冠狀溝，手掌則貼著繫帶處揉按整龜頭，重覆約莫六個三拍。

手技六：**數鈔票**

跪坐在對方兩腿之間，面向陰莖。請將雙手四指扣握在陰莖龜頭正面，大拇指對著繫帶由下往上推八拍，再用大拇指推冠狀溝四拍，再回去推繫帶，如此循環三次。

手技七：**揉揉筋膜**

延續手技六的手勢，然後用左手輕扣扶著陰莖，右手食指、拇指揉揉陰莖背面浮起的筋膜，當作對尿道和海綿體的按摩。

手技八：**拳擊按摩棒**

如果妳是比較有力氣的人，可以試著左手握住陰囊，把陰囊往上推，露出會陰。右手握拳抵住會陰處，右拳震動，心中默數三拍為一次震動，循環四到八次，其間左手適時地按揉他的陰莖和腹部和胸部。接著再來一到兩次長時間高頻震動（每一次持續八秒），緊接著再來推壓會陰八到十次。

可是如果翻開陰囊後，他的會陰處較薄沒肌肉感的話，請改由拇指按壓抖動，或者就放棄玩這個針對會陰部的運動，他不會有太多的感覺，妳壓起來也沒什麼手感。

手技九：**凝結止血**

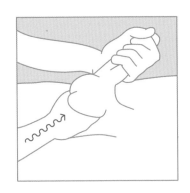

將龜頭整個放在左手手心，緊握並開始擠壓，右手拳頭對會陰的推壓和左手同步，請他作深又長的呼吸，吸氣放鬆，吐氣下腹部用力緊縮，妳的左右兩手同步施壓，緩而深，循環到他骨盆腔有點兒抽搐感覺的緊張程度即可。這動作會幫助他的骨盆腔肌肉熱起來，陰莖也充滿熱氣。

慢步激化「寶貝」
十五種訣竅

　　現在要針對他的龜頭和主體給予一些刺激，讓他開始攀爬愉快的山峰。

訣竅一：**擦亮紅寶石**

　　在他的左側，請妳用左手將他包皮推到陰莖底端並圈握住根部，讓它豎立起來，把右手拱出抓飯糰的模樣，拇指對著繫帶、四指扣住冠狀溝，運用五指指腹，滑順地旋轉，有如用拭布擦拭紅寶石一樣的愛護它。循環三到四個三拍即可。

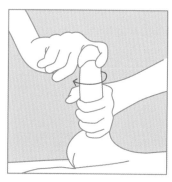

訣竅二：**轉瓶蓋**

　　在他的右側，有沒有看過愛耍帥的男孩子轉瓶蓋的方法？如果有，請把它學起來轉為他用。現在，拿出妳的右手比出槍的手勢，抬高妳的手肘，讓右手虎口反過來抓捏冠狀溝（龜頭這顆小球球會和妳的手掌心有部分的貼合），讓食指和中指以順時鐘的方向引導滑動，轉到手腕彎不過去為止，四拍為一圈，可重覆五到十次。

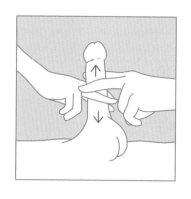

訣竅三：**夾筷子**

　　這是個有趣的畫面，但卻能帶給他意外的驚喜。先加一些油。請妳打開雙手的食指和中指，把它們當成兩雙筷子，對準陰莖根部，交叉夾住眼前這根肉棒，從底端向上推滑到龜頭，並重覆這個循環，這招對陰莖主體很敏感的男性無疑是致命吸引力，妳將會看到他因為敏感增強，骨盆會隨著妳手指的上昇而逐步抬高。

　　妳的身體姿勢可以是跪坐在他兩腿之間（此姿勢會讓妳夾捏住的是他的陰莖兩側），也可以是跪坐在他的身體側面（此姿勢會讓妳夾捏住的是他的陰莖正面與背面的部位，但方便妳就近觀察到指縫貼近他的繫帶時，他的歡愉表情）。

訣竅四： **拔蘿蔔**

這兒有兩款拔蘿蔔動作。一是「抓飯糰式」的上下拔揉這個大蘿蔔；二是「抓握式」的拔捏蘿蔔。妳的身體姿勢可改為拔蘿蔔式，較省力，而且妳只稍身體微微上下活動即可完成這個需要力道的動作了。

以每兩拍為一個拔捏動作，可先進行第一式再換第二式，重覆到妳手中的「蘿蔔」超硬為止，並同時觀察對方的表情是否有求饒的意味。如果快要「繳械」了，請趕快放鬆他緊繃的腿和腹部肌肉：用手掌按摩滑推大腿外側，順勢滑向肚子，再滑向另一邊大腿外側，來回循環四次，接著換手，滑大腿內側四次。

TIPS 你也可以試試「防止他棄械投降的六大祕訣」（見第137頁）。

訣竅五： **乖寶貝**

將陰莖朝十二點鐘方向貼放在腹部，揉摸陰莖主體八拍，再揉摸陰囊八拍，如此來回三至五次（視他的持久度而定）。接著，再將寶貝貼放在三點鐘方向的大腿內側，重覆揉摸動作。然後六點鐘方向用手握住陰莖主體，手一邊對陰莖加壓施力，一邊從根部滑轉到龜頭，持續三至五個八拍。九點方向鐘則和三點鐘方向同動作，可重覆二到三次循環。

訣竅六： **安撫**

Step1 揉肚子：左手按揉陰莖，右手用搓擦法和掌揉法做圓圈狀按摩肚子，先畫五下大圓圈，再畫三下小圓圈，做兩回（右圖）。

Step2 揉胸部：左手持續按揉陰莖，讓右手向上開始按揉下胸四圈，接著左胸四圈，右胸四圈，重覆兩回合。

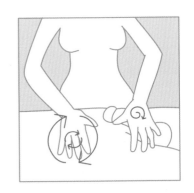

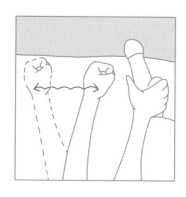

訣竅七：**輪式按摩**

　　用手臂由下往上在腹部到胸部之間滾動（左圖），滾四次，然後用鈍壓的方式向上一次，做兩回；接著再用手臂由下往上推壓，再由上往下收回，這樣來回四次，同時另一手包住陰莖，按揉或震動。

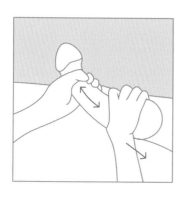

訣竅八：**拔河式**

　　手裡多塗抹一些油，左手順勢將包皮下推後緊抓陰莖主體，右手抓握陰囊根部，給它溫柔，也給它壓力，雙手同時將陰莖和陰囊成反方向拉拔，四拍完成拔河動作，重覆十次後，停頓二秒，再重覆之，共做三回合。

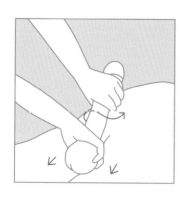

訣竅九：**扭轉式**

　　在他的右側，右手緊握扣住陰莖根部（或陰囊根部），抬高妳的左手手肘，利用最大的旋轉幅度，讓從陰莖根部出發的左手，緊握向上旋轉，均勻地全面施加壓力在陰莖上，這叮帶給他更多複雜感受。次數不限，重點在於配合他的呼吸，吸氣時放鬆，吐氣時用力。

訣竅十： **蜘蛛手**

再挑逗一下愛人吧！讓他的陰莖貼躺在下腹上，拿出妳的蜘蛛手，輕柔地從陰囊處向上刮搔到龜頭，來回循環數次（右圖）。

訣竅十一： **丟湯圓條**

張開妳的雙手，將他的陰莖放到妳的左手掌裡，並開始快速丟甩到右手掌（記得善用較有肉感的掌心，可增加彈力），讓他的陰莖在妳的手上享受甩動的快樂。重覆十到十五秒。

訣竅十二： **鑽木取火**

兩手含抱陰莖，由下往上，搓揉默數十秒，停半秒，再重來。作五回合（右圖）。

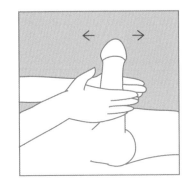

訣竅十三： **洗洗手**

接續鑽木取火的動作。將手指放鬆，運用手掌帶動手指的方式，包住陰莖，有如抹了肥皂的洗手方式，搓揉自己的手和他的陰莖。持續兩次約六秒即可。

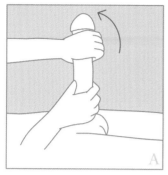

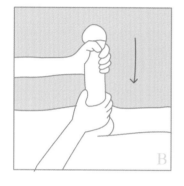

訣竅十四：爬坡和險降

在他的右側，右手持續抓握住陰囊並捏住陰莖根部，左手反握陰莖根部，向上滑動到龜頭時更加用力（左圖A），翻過了龜頭，正握回到陰莖根部（左圖B），再從根部用力滑動向上至龜頭，翻越過龜頭回到根部，至此才算完成一個循環動作。可用十二拍或十六拍為一個循環的速度，重覆五到七次後，再以八拍為一循環的速度，重覆六次以上。

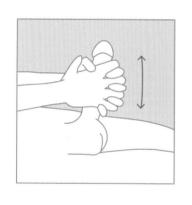

訣竅十五：快槍手──真空吸塵器式

雙手十指交扣握緊陰莖，讓陰莖充分感受到掌心類似真空的壓力，雙手由下往上擠壓攀爬，並在心裡默念「快快－慢」或「壓壓－鬆」口訣。當來到了龜頭，放掉一些力氣讓雙手回到根部，重覆同樣動作，約莫五到八個三拍，再接續上下快速抽送八拍，至少做五回合或直到他射出。

嘿！妳已經沒氣了嗎？妳現在心裡是不是在想：「光看這些動作就覺得累了，真實上場不用到一半我不就掛了！」如果妳是這樣想，我可要學漫畫城市獵人裡的丁香拿大榔頭敲一下妳的小小頭，記得嗎？一開始就有提醒妳了：「這些動作，請量力而為，又不是要妳一次全部用上，留一些下次用嘛！」現在最重要的是妳要多練習這些動作，才不會真的要用時生疏到發抖。

如何讓他更持久

在按摩進行中，妳隨時要提高警覺注意愛人的興奮狀況。不過，別妄想透過觀察他的陰莖就能知道他快射精了，當妳「看得到」時，「白色膠水」也差不多（相差不到一秒）要出現在妳手上了。

辨識他是否快繳械了

當男人來到了快高潮的階段時，他的肛門外擴約肌和陰囊會收縮（妳可能還看得到），接著攝護腺周圍肌肉會收縮將儲精囊裡的精液推向尿道（在體內，所以妳看不到了），接著陰莖主體和龜頭會快速收縮（在妳手裡的感覺會是像心臟那樣蹦蹦跳，脹－縮－脹－縮）。

但是這個射精動作的循環才不過短短兩秒的時間，所以就算妳有很好的觀察力看到他的肛門收縮，通常妳也會來不及幫他止住。更何況，這樣做的話，妳反而會變得緊張兮兮，一看到他肛門一縮妳就想預備動作，但搞不好他只是想夾一下他的屁股嚇嚇妳而已。

最好你們可以發展出互相給訊號的方式，譬如眨眼、點頭、輕抓手臂、輕壓手腕等。什麼時候要給訊號呢？就是他的攝護腺周圍肌肉要收縮時，他自己會感覺得到，這時他必須用PC肌的力量控制射精（相關訊息請看「PC肌的控制練習」，見第139頁）。如此妳在按摩過程中只要隨時提高警覺在你們的默契上，這麼一來，就不用再為了觀察他肛門變化而搞到歪頭脖子痠了。

男性內生殖器官圖與高潮收縮示意圖

膀胱

輸精管

恥骨

儲精囊

PC肌

肛門外擴約肌

攝護腺

尿道

防止他棄械投降的六大祕訣

如果妳還不希望他射出，而他也想嘗試更多的身體快樂，這兒有六個祕訣可以讓妳協助他中止棄械投降：

祕訣一：快槍手——按壓會陰部

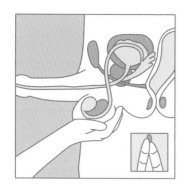

右手撥開他的陰囊，左手食指和無名指抵住中指，讓食指和無名指在上，中指在下，保持這個手勢，讓食指和中指的指腹扣壓在會陰上（掌心正好在他的蛋蛋上找到支點）。

接下來，妳就乖乖地專注在按壓的力量上吧！要壓出凹陷的感覺，力氣大一點無妨，但別用指甲戳就好。壓到他覺得要射精的感覺不見了即可放開，切記放開不是像被電到般地彈開，而是放鬆，再給五到六下愛的小揉揉（像要揉散淤青動作一樣）。

祕訣二：擠壓繫帶

用妳順手的姿勢，一手四指輕扣在陰莖龜頭正面，大拇指貼在繫帶的位置上，用力按壓，停五秒，輕輕放掉後，再壓五秒，重覆到二到四次後，他想射的感覺應該就會吞進去了。

祕訣三：擠壓龜頭或陰莖根部

將妳的手握住陰莖頂端，幾乎包住龜頭，然後用這一手拇指按壓龜頭，施加壓力，直到妳手中球球的蹦跳感減緩下來。別讓妳的另一手閒著，把它的拇指、食指和中指同時擠壓陰莖的根部，會有幫助的。

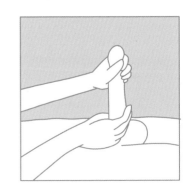

祕訣四：拉開陰囊

一手抓握在龜頭部位擠壓，另一手拇指和食指（或加上中指）圈握住陰囊的根部（右圖），接著兩手反方向拉開，盡量將陰囊拉離身體（千萬別猛扯，請愛惜他的蛋蛋，這需要平時多加練習），直到他射精的感覺較緩和下來為止。

祕訣五：甩拍陰莖

輕抓著陰莖根部，快速甩動它，就好像掐著某人的脖子，想把他搖醒一樣的那種遊戲。用力甩吧！甩到他喊停為止。

祕訣六：配合呼吸

妳可以和他一起來控制他的興奮感。這麼做，等同妳也參與了他的興奮過程（大姐，人生沒有什麼比這麼更有趣的了）。說是「配合」他呼吸，嚴格來說，其實是「提醒」他呼吸，深呼吸能幫他控制自己的體內亂哄哄的熱能，快吸快吐的淺呼吸，則可以幫他把那種快爆炸的能量從腹腔轉移到頭或四肢其他地方。所以，跟著他做吧！選擇一種能夠幫助他緩和下來且不會冷卻的方式。

如果他已射精，別就此放任他不管，請將這寶貝輕輕地放在下腹上，用手尖輕柔安撫它，或乾脆整個手掌包覆住他的陰莖一陣子，另一手揉揉他的腹部，接著雙手一同從腹部朝胸口上滑，來到鎖骨下方後，展開各自推磨左右兩肩和兩手臂，再循環回來多次，直到他愈來愈放鬆為止。

PC肌的控制練習

男生女生的身體都有PC肌，它是連結恥骨到尾骨之間的一整群肌肉，這群肌肉會幫助你止住尿液從膀胱流出來，也是男性在射精時，阻止精液上衝，射出體外的肌肉，只要你在感覺到快射精時，收縮這群肌肉，就可辦到。

當然，這也是需要練習的（男女都一樣），練習時必須集中注意力在會陰處，把PC肌和附近的大肌肉區分開來，腹部、大腿內側、臀部都需保持完全的放鬆，只有PC肌，其他的大肌肉都不准動。

練習時，請測試自己的能耐，一邊慢慢的吸氣，一邊慢慢地縮夾PC肌，吐氣再慢慢地放掉。頭三天，每天練習三次，每次二十下；接著一個禮拜，每天做三次「5-5-5」（在五秒鐘內盡可能地慢慢把PC肌收縮起來，然後緊張不放維持五秒，最後用五秒的時間慢慢放鬆）。大多數人剛開始練習時，會無法維持五秒，你可以先從三秒練習起「3-3-3」，多練幾次，你就能感覺到自己對這群肌肉的控制力了，記得喲，千萬別一回合連續練二十次，你會因為彈性疲乏而開始動到其他塊肌肉，反而沒效果了。

快感 + 保健——
攝護腺按摩兩招

好的攝護腺按摩能有效的預防攝護腺肥大和發炎，多數男性被刺激到攝護腺時，也會有快感，敏感者甚至還能達到高潮呢！有時乖乖就擒，才可享受到被照顧的好處。這是一個值得一試的身體按摩，待妳的愛人身心完全洗淨了後，即可為他奉上這一道上等料理。

第一招：敲開神祕序幕

Step1 請愛人跪趴在床上，或在他的骨盆下放個枕頭讓他安心的趴下，是最方便施力按摩的姿勢。如果這姿勢讓他覺得很害羞，那你倆的第一次嘗試就先從仰躺開始吧！只是，妳可得事前做足全身筋骨運動，特別是手腕運動。

Step2 依妳覺得順手的方向決定妳的位置，可選擇在他左方或右方，讓妳的身體和他接觸，增強他的安全感。如果他很放心，則選擇面對他臀部的正前方，這可以增加妳施力的靈活度。

Step3 準備一條溫熱毛巾，將它摺捲起來輕貼在尾骨、肛門與陰囊上，雙手包覆在毛巾上，按壓幫助溫度的擴散，陪同他一起呼吸、放鬆。

Step4 雙掌張開貼合在他的兩瓣屁股上，緩緩用大拇指撥開肛門口，撥開速度配合他的深呼吸，深吸——緩緩地剝開，深吐——緩緩地放掉。持續五到八次（右圖）。

Step5 為他上油，記得，按摩油永遠不嫌多。

NOTE 除非妳家正好有那種婦產科診所裡的檢視台，能夠把他的腳抬起來，否則，以一個弱女子來說，妳可能都還沒安撫他的肛門外擴約肌就先累掛了。

第二招：敲響快樂鐘

Step1 雙掌並攏，作出拜拜手勢，讓妳的雙手手刀像流水一樣從尾骨滑動到陰囊，重覆八到十回。

Step2 收回一隻手，留下另一隻比較順勢的手停在肛門口，放鬆，運用手腕的力量，左右拍打兩邊大肉肌，並像魚在你手中迅速拍動身體般，持續拍打滑動。默數八秒，重覆三到五次。

Step3 一手四指併攏按揉尾骨，拇指放在肛門口，另一手四指併攏按揉會陰部，拇指也和另一個拇指相對放在肛門口，配合上他的呼吸後，讓兩個拇指指腹交替在肛門口來回滑動按摩。每一指滑動速度以一個三拍為主，左右兩指各重覆五到八次後，停頓二秒，再繼續二到三個循環（見左圖）。

Step4 留下一個大拇指在肛門口，好像被畫壓蓋手印一樣按壓五秒，停一秒，再持續三至四回，每一次按壓都愈來愈深。另一手別閒著，輕柔地按摩他的尾骨和背部。

Step5 在手指要開始進入之前，先按摩一下他的陰莖和會陰部、屁股，讓他放輕鬆。

Step6 大拇指開始慢慢進入肛門，但每增加一次壓力，更加注意他的呼吸，他吸氣時妳的手指放鬆，他吐氣時妳的手指再進入，進入時大拇指不時地緩緩螺旋狀轉圈圈，妳的身體也可以跟著緩緩擺動，進入的速度以十個以上的深呼吸，大拇指才完全進入為準。意思就是：慢慢來啦！

Step7 當大拇指完全進入時，請用妳那細嫩的指腹，在一到二個指節的位置，尋找一個觸感有點像未煮熟的雞胗的圓狀物。賓果！那就是攝護腺的圓弧邊。妳找到它了，請妳運用虎口的力量，畫圓狀地按揉這個神祕按鈕，同時四指併攏在外靈活配合揉壓會陰部。

TIPS 可以嘗試拇指直線向洞口外面帶動的方式，按壓攝護腺，通常這樣做男性陰莖也會不自主地抬頭起來。除了指腹畫圈，前後攏壓以及左右動，都受到許多人的喜愛。

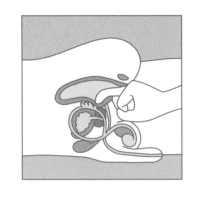

Step8 試著挪動妳的身體來到他的臀部之前，改由中指進入，找到狀似核桃又具有彈性的攝護腺，用畫圈圈的方式揉壓六到十次後，將第一指節用力拱起，貼合在攝護腺球面上，這可以增加手指和攝護腺的貼合度和力道的均勻分散，一邊揉壓，一邊向外帶。

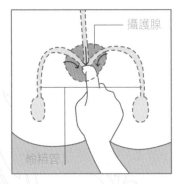

Step9 直線揉壓三次後，順著攝護腺裡的管腺走向，來到偏左邊一點的位置，重覆同樣動作向中心線帶過來，同樣三次後，再換到偏右邊的管腺，持續按摩。這些動作可反覆交替到他射精，或是妳想休息時。記得一切緩和進行，無須勿促。

　　性愛按摩結束時請擁抱你的愛人，還可以用親密按摩的方式輕撫他或為他的身體作全面的接觸，讓妳的男人感受到妳滿滿的愛意，這也是性愛按摩的精神。

故事分享

故事一

妳怎麼這麼厲害！

我有一個得意學生，她練習手技練得特別勤，為的就是給另一半好顏色看。一天，她在空窗時期，「性」致來了，索性找了一個牛郎大戰一場，那嫩貨滿足了她想找人運動的心，但按摩術竟然爛到讓她全身冷卻。

她可不容他就這樣出去危害眾家姐妹，「你不能這樣摳，女人不會有感覺的！」她老大姐拿出苦口婆心的本能開講了，「不然妳幫我按摩看看」沒想到對方竟膽敢說這句話，「好吧！」女人就是這麼心軟又願意付出，她把所有伎倆都用上了，結果，他不由自主得喊到飛魂，事後又害羞地說「妳怎麼這麼厲害！」「妳是我遇過手技最強的人耶！」之類的話（他這麼開心最後還是收了錢，一點折扣也不打，算他狠）。

這位老大姐事後轉述給我聽，我們當場笑翻天（其實我們還是保持優雅地、沉著地討論這件事），最後她說一個最中肯的真心話：「雖然心理有點不高興為什麼付了錢，還幫對方按摩，可是，老實說，這樣被誇獎手技，心裡還真是爽！」至少，她非常有自信於下一個情人會和她的雙手相處很融洽，光這點，就足以讓她天天不由自主的傻笑好幾分鐘了。

故事二

別人幫忙更有感覺

曾經有個很認真的男學生，他認真地記下筆記，也認真的回家體驗，剛開始的幾次，他並沒有感覺到射精的爽快感，但卻有精液的流出，他說那種感覺真像看受過訓練的服務生的倒水表演，「看得到、也有淡淡的新奇感」。

後來，他遇上了一位可以和他分享這一切的女人，他才發現，原來有別人幫忙更有感覺，他說，這就好像壓了水閘閥，洪水隨之爆發！

Chapter 5
性愛按摩〔女人篇〕：
二十一式讓她高潮非夢事

一個體驗過性愛按摩的女人哭了。她說，她是很容易高潮的人，但從來不知道她的身體還可以有這麼多的高潮感受，那種強烈，讓她在歡愉和害怕間擺盪，完全不知道盡頭是什麼，卻又好想跟著去。

另一個終於體驗到性愛按摩的女人也哭了。她說因為她感受到被滿滿的接納、被完完整整的關愛，那是喜悅之淚，她的愛人以前也會用手指進入她的陰道「按摩」，但那種猛烈的衝刺感對她來說，和陰莖、陰道的活塞運動沒什麼兩樣。可是，這次不一樣了，她的愛人的雙手，為她帶來滿滿的愛，她感覺到和他的心更接近了。她，融化在他的手裡。

透過性愛按摩可以讓領女人感受真正的高潮，讓性關係更加和諧。在開始學習之前，請先閱讀第三章〈性愛按摩行前說明：一緊一鬆間高潮迭起〉（見第122頁），才能讓性愛按摩有更完美的開始。

覺醒她的身體

Step1 輕輕地讓你的雙手與她的身體接觸，關注在她的呼吸上，確認自己的呼吸與她同步，這可以幫助你安定下來。舒服的心情會互相感染。呼吸，能提醒自己不斷地觀察到她的呼吸和感覺。

> **TIPS** 女人通常喜歡溫柔，尤其是按摩她的私處這回事可要慎重其事，十隻手指已經可以帶給她多重又多重的快感了，絕對不需使用你的衝撞本能，免得她破皮又疼痛而造成反效果。

Step2 用推動式鬆開她的全身，並在骨盆處加強多一些次數，或是揉推她的手和大腿肌肉，她自然就會放鬆下來了。

Step3 輕拉她的陰毛，如果她的恥骨和大陰唇上方都有長毛，那你可別放過這個煽情的好機會。拿起你的五指，滑到她的恥骨，順著她的毛髮方向，一點一撮地來回拔拉所有的毛，接著再來到她的大陰唇上，向外側抓拉上面的捲捲毛，左半朵陰唇捲毛就向左邊拉，右半朵陰唇捲毛就往右邊拉，記得抓拉同時配上她的呼吸，速率愈接近，她的呢喃的音頻愈悅耳。

Step4 有些女人做愛時喜歡溫柔，有些則喜歡衝刺感，但喜歡衝刺感的女人分別有兩大原因：一是她擁有令人欣羨的隨擊隨發的陰道高潮結構；二是既然內部沒快感，還不如多運動，汗如雨下的衝刺運動，才不枉費花掉的時間。

更瞭解她，
搞懂女性外生殖器官

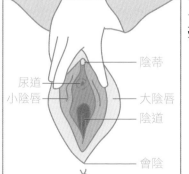

女性外生殖器官

陰戶按摩七式

在手中塗抹大約十毫升的水性潤滑劑，並用掌心搓揉讓它更溫暖些。提醒你慎選潤滑液，有些劣質的潤滑液，水分和凝固劑的比例沒調好，一搓就掉屑屑，買到這種潤滑液，又掃興又阻礙了動作的流暢度，你不會想再來第二次的。

第一式：刺激毛囊

請運用挑逗按摩的蜘蛛腳手法，輕輕撥動毛囊根部，接著輕抓恥骨上方、大陰唇兩側的毛髮，有節奏地一根一根的向外拉起（別太用力，只要讓她的毛囊接連的皮膚具彈性地被拉起即可），她吸氣時向外拉，吐氣時你放鬆，倘若她的肛門口和會陰上也有毛毛，可別放過。由恥骨到會陰，再由肛門到會陰，力量漸強漸弱，兩手可分開輪流進行抓拉動作，讓她初嚐舒服的搔癢感。

第二式：抓捏蒟蒻條

位在她的右側，五指張開，掌心對著陰戶，運用掌心真空壓力一同抓捏大小陰唇。

第三式：揉捏蒟蒻條

以拇指和食指指腹，一同揉捏富有脂肪又有彈性的大陰唇，兩手的手指可同時針對同一邊的大陰唇片，作三到四個八拍的來回揉捏，也可各自針對不同邊的兩片厚唇，有節奏感地向外剝開揉捏，這手法就像製作麵疙瘩的師父，把小小麵糰，俐落地揉壓成扁平狀的手法。用點心她便能感受到倍受尊崇的舒適感。

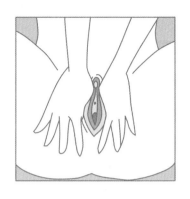

第四式：**堆高山丘**

　　雙手四指併攏，一同推擠大小陰唇，有如用堆土機把周圍的土壤向中心堆高成山丘般，二拍擠壓、一拍放。五到八次後，停在擠壓的動作五到七秒，重覆循環三到四次，每次運用的力道愈來愈增強。切記，並非要讓她感到壓迫，而是伸展她的肌肉，這對女生的陰戶周圍的肌肉和筋來說，是很好的伸展運動（如果你是坐在面對她陰戶的位置，可改由虎口或手刀側邊夾攻）。

第五式：**玩弄雞冠頭**

　　假使她的大陰唇上也有毛毛，不妨在進行推擠運動時，塗上些許潤滑液，利用手刀像作出「雞冠頭」的造型那般，把兩側毛毛向中線靠攏、抓挺，讓毛毛在兩掌間滑開，此時潤滑液就起了作用，力道均勻的拉扯會溫柔地刺激每寸毛囊。試試看，你會讓她經歷像穿著救生衣玩香蕉船，被拋到海中，卻有溫暖海洋包圍著的安全感，隨著海浪一波接一波，全身被托高又下沈，很舒服、也很開心。

第六式：**四指按弦**

　　用併攏的四指尖端由會陰往上揉揉兩側的大陰唇，愈揉愈深，用你的指腹去感覺大陰唇下的肌肉和筋膜，找到後，讓你的手指在這些弦上輕緩地壓揉，重覆六到十次（如果你是坐在面對她陰戶的位置，可改由大拇指按弦）。

第七式：**滑溜山脊**

　　運用你的指尖在小陰唇的山脊上來回滑動著，可採繞圈圈的方式，也可用蜘蛛腳手法在山脊尖端，中指食指交替地由下往上滑爬，次數不限，端視她的興奮反應而定。面對陰蒂超敏感者，明智之舉是用這個招式作為刺激替代，或是在進攻陰蒂前，先來上這一招。通常身體極為敏感的人（就是很容易感到興奮），如果直接刺激陰蒂，她很容易會有刺刺痛痛的不舒服感，把握小陰唇山脊邊緣的照顧手法，即可緩和刺激。

姊妹們！教妳讓自己更High的祕訣

1. 發出聲音

　　深呼吸、活動全身並發出聲音是達到高潮的三個關鍵。倘若妳今天打算享受更多的高感官感覺，那麼就別吝嗇地微張妳的嘴巴，讓身體的聲音奔放出來。

2. 活動全身

　　按摩雖然算是某種程度的「被動運動」，但還是要加上自己的運動，效果才會加倍唷！所以說，如果妳想有更多的感受，建議妳：

（1）接受性按摩前先用力自慰一下子（但千萬別用任何震動器）。

（2）在接受按摩時請啟動妳的專注力，深呼吸配合下腹肌用力，再加上PC肌的縮放（關於PC肌的相關訊息請參考〈PC肌的控制練習〉，見第139頁）。

陰蒂按摩四式

第一式：**紳士搔癢**

運用食指或中指（端視你哪一指比較順），在陰蒂上緩緩滑動，三拍完成一個動作，重覆六到八次。

第二式：**捻紅豆**

順手叉開你的拇指和食指，將陰蒂連同包皮夾捏起來，揉一揉，接著利用拇指和食指下緣貼合陰唇，上下「滑動」六到八次後（三拍完成一個動作）。食指、拇指有如彈吉他時夾捏著彈片般，夾住陰蒂帽「抖動」四到六次（每次以三拍的節奏抖動）。這動作會拉動連接陰蒂底端和恥骨的懸韌帶，能帶來舒爽的痠楚感。

第三式：**按揉陰蒂腳**

面向陰戶，四指在她的下腹部按揉，兩手的拇指按壓在陰蒂根部兩旁並揉壓之，揉壓的動作配合她的呼吸同時進行，她吐氣時你按揉，吸氣時你放鬆，這個動作會讓女生有難以言喻的觸電感覺，一波接一波。接著，左右兩拇指再以二拍一揉壓的節奏在陰蒂根部上輪流施力。

第四式：**通體舒暢**

　　放一些潤滑劑在手上溫熱一下，接著從陰蒂到尾骨間均勻地塗抹開來，掌心微扣在陰戶上，包著大小陰唇（右圖A）。接著單手迴轉一百八十度，手指扣在恥骨上方輕輕抓捏三到四下後，接著開始輕柔地滑動（不是輕觸，而是整個手掌試圖在這塊神祕基地裡包覆所有碰得到的肉肉）。

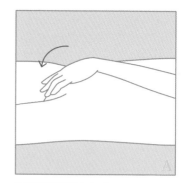

　　先向上滑動，接著調整你的身體姿勢（拉高上半身），手勢再轉個一百八十度，從陰戶往下滑動到尾骨（右圖B），張開溫柔的手指在尾骨上方揉三下，手再反轉滑回到恥骨（右圖C），重覆多次。最棒的節奏是，配合你的深呼吸，吸氣向上滑，吐氣向下動。

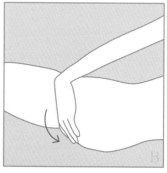

　　今天，你的手是主角，性愛按摩是換個方式做愛。按摩就按摩，你必須把重點放在用你的雙手帶給她歡愉和避免性交上，性交一點問題也沒有，只不過大部分女性在做愛的「其他」層面上，比較容易高潮。所以，如果你今晚想讓她擁有一場充滿愛意的高層次享受，那就請她完完全全地放鬆，你需要更投入更深情的對待，尤其特別加強第四式「通體舒暢」的動作。

陰道按摩十式

第一式：**輕挑朝聖地**

四指撥開大陰唇，讓陰道口出現在你面前，以中指或食指在洞口輕輕畫圈圈，挑逗她。

第二式：**按壓四方**

當中指進入後（或合併食指，是否兩指並行，端視你的指頭粗細，以及她的肌肉放鬆程度，如果你是粗手指，奉勸你先進一指，不急、不急），輕柔按壓陰道壁四邊，並再接續螺旋式緩慢進入更多，約莫兩個指節。

第三式：**按按G點的門鈴**

指腹朝向腹部的方向，找找看，是否有感覺到痘痘狀或寒毛豎立的顆粒狀，亦或類似被蚊子叮後的腫包，或是粗粗的不同於其他部位的觸感位置，那兒就是G點所在地，用食指或中指都可，哪一指你覺得比較好控制力道或角度，就用那一指，把那一指呈拋物線向上彎，別抽動，而是畫圓圈，溫柔地揉上多圈。

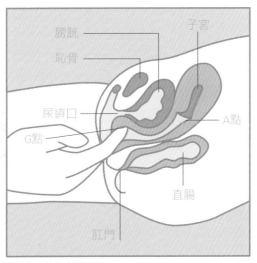

女性內生殖器官圖

第四式：抓飛盤

大拇指順勢來到陰蒂處，逗弄一下它，讓她同時感受到「內應外合」的巧妙連結，接著大拇指按壓陰蒂根部，開始配合她的呼吸內外同時揉捏（專心點，把注意力放在手指的協調度上），二拍捏、二拍放，重覆四到八次，根據她的反應來決定次數多寡。

第五式：運功

按摩要有創意，同樣的刺激點，可改由大拇指上場，反正G點離洞口不遠，一根拇指就夠用了。讓大拇指緩緩地進洞，另四指併攏，它們接下來要做的任務很重要，四指扣住恥骨，掌心正好貼合陰蒂，這個動作非常地服貼，她能感受到充分的安全感，接著，四指適切地開始揉磨恥骨上的脂肪，這會讓她很舒服，同時運用抓捏的動作，虎口保持彈性地前攻後夾，三拍一組的動作，重覆到她High翻天。

第六式：緩和情緒

當她來到另一高峰時，留點時間讓她身體緩和一下，拉出你的指頭，重覆堆高山丘的動作，向中心推，更可以改變手的運動方式，讓虎口中心堆高的山丘上下滑動，被陰戶肉肉包圍的陰蒂，會因為你這樣的拉動，產生一種舒緩又搔癢難耐的快樂。

第七式：安撫

腹部

一手手掌包覆住整個陰戶，揉撫五到七下後，放鬆指頭，以四指指腹柔軟地在陰蒂周圍畫圈圈（輕柔的舒適感而不是刺激）。另一手由腹部緩緩地以揉搓法向上撫揉她胸膛和肩膀，循環三到五次。

胸部

一手來到她的乳房，以五拍畫一個圓圈的節奏，每邊畫動五到七下，記得，另一隻手還停留在陰戶，繼續揉撫的動作，兩手撫摸動作是同步的。

NOTE 對女性做性按摩，最大的好處就是不用擔心「還沒出完招她就高潮」，因為她就是有本領高潮再高潮，一波接一波，所以寧可錯殺一百，不可放過任何一個可能。你想在這個動作上多做幾回合都隨便你，但只要注意她是否有反應即可。

NOTE 這時她可能需要你的陪伴，請來到她的身旁，身體或手貼近她的身體，你也好趁機變換身體姿勢，才可再接再厲，徹夜大戰。

大腿

　　放掉按摩乳房的手，向下滑動到陰戶，接手揉撫的動作，而原本揉撫陰戶的手，滑落到大腿上，以掌揉法和推展法，持續放鬆大腿肌肉。

第八式：**直入A點**

　　A點就是「前穹窿」（參考151頁圖），位於陰道底端，子宮頸後頭。現在的她已準備好了，儘管把你的中指伸進去吧（把其他手指留在外頭，全數張開貼合好陰戶周圍，以防你的手抽筋），順暢地滑入陰道底端（七到十三公分，其實不長的，當她完全吞沒你的手指時也差不多到底了），向上觸摸，你會碰到子宮頸口延伸出來的穹窿，用指腹勾住穹窿後頭（手感有點類似稍硬的軟骨），來回按壓揉捏，或是抓扣住穹窿向外帶，千萬別戳陰道底端，那只會帶來內臟被撞擊的疼痛感。

　　這時，你那些留在外頭把風的好兄弟們可派上用場了，掌丘可揉搓陰蒂，或是用大拇指按揉陰蒂根和恥骨，可別把它們好用之處忘掉了。還有一點最重要，請以三拍一個動作的速度，努力再努力，當你在裡面的手指感受到陰道收縮的壓力時，請繼續，當它被夾住時，外頭的兄弟也別停工，你的這般努力，會讓她有複合式的身體激動，你將見識到美妙的生物動力。

> **TIPS** A點摸起來像一塊突起的海綿體（有時皺摺，有時平滑）。A點對陰道潤滑非常重要，做愛時感到陰道乾燥的女人可以試試刺激A點。

第九式：**A點、G點同時來**

　　如果你的手指長又纖細，那可別浪費了，快快嘗試這個手勢（手指粗則免談）：食指彎曲揉G點，中指持續扣住A點，雙點施加壓力，就是要讓她體內像幫浦一樣—Bump、Bump！

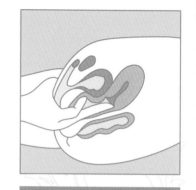

TIPS 當女性高潮時，可按壓或揉一揉她的下腹部，對許多人來說，下腹部反而比性器官更加敏感，更需要被照顧，所以按摩下腹部，對於讓她的身體更進入另一個境界是很有幫助的。當然被按摩的妳也可以自己幫個忙，讓下腹部不斷配合他的按摩節奏呼吸，深吸深吐，完全的配合，能帶給你更棒的高能量感受。

第十式：**蝸牛爬行**

　　縱使女人有能力來上多次高潮，也得有時間讓她喘息，休息六至三十秒，能讓她更有後勁。待她高潮三到五次後（或持續在高點超過兩分鐘），請將手指帶出洞來，換上掌心緊貼包覆住整個陰戶，掌心肌肉像心臟收縮般按捏陰戶肉肉，一到二個八拍後，食指、中指、無名指一同帶動手掌，緩慢向恥骨方向爬行，經過陰蒂，越過恥骨，來到下腹部，接著再回到陰戶，重新爬行，來回數次。這可幫助她緩和身體刺激，也慢慢喚回皮膚的細膩感覺。

性愛按摩的真諦

　　激情過後請和她擁抱，為她放鬆眉心的緊張，用親密按摩的方式順順她的頭髮，讓她的頭更輕鬆、更舒暢。最後的真情擁抱或為她的身體作全面的接觸是很重要的，她才會感覺你的愛意，這也是性愛按摩的真諦。就像享受完一道道的法式美食後，最後來個甜點般的美味又完整，心滿意足的入夢鄉，這是獻給你倆的新生活運動。

　　最後，要提醒男性同胞的是，別認為可以一邊按摩一邊做愛（這裡是指性交的做愛），你以為這樣是完美的結合？你沒聽過一次只專心一件事，才能把事情做好嗎？就算你是按摩高手了，可是當下面的頭兒進入了美妙濕地，最後會是誰當「頭家」？當然是下面的那個老大呀！所以，別天真地想同時進行了，你想享受的話，就直接請她為你服務，或為她服務完後再做愛，不然原本的一片好意，都將前功盡棄。

故事分享

用我的雙手環抱她的心

　　一個老公曾經外遇，但她卻花了好多年想原諒他的女人，這樣告訴我：「過去我們學了很多東西為了改善我們之間的關係，這場性愛按摩讓我們又了解彼此多了一點，這是很棒的感覺。現在，他可以感到很自在很安全地讓我知道如何做能讓他更興奮、感覺更好，這是一種極親密的溝通，把我和他的心連繫的更緊密了。」

　　一位感性的妙齡女子這麼形容著：「和他一起努力開發他的經驗，比讓他有高潮還要令人開心，因為那是無限制的前進，隨時都有新鮮事發生的感覺，心情會隨時愉快，這就好像把獎品包在巧克力糖裡一樣，每吃一塊糖都甜在舌尖，驚喜更隨之而來。」

　　一個新好男人這麼說：「我超喜歡她完全沉浸在我的按摩當中的氣氛，就好像我用我的雙手環抱了她的心，透過我的手給她溫度、給她熱情，我喜歡問她她喜歡什麼，在那片刻，一切都是這麼的美好，這樣的機會對我來說，是新奇、不常有的，但它確實為我帶來很多的快樂。」

Part 3 【心態篇】

用心，每天都有好「性」情

如果你想成為讓人念念不忘的調情聖「手」，那麼，
除了把親密按摩、挑逗按摩與性愛按摩都學透透以
外，更要懂得如何靈活轉換、實地操作。本篇將推薦
十個可以派上用場的最佳情境、六種不同目的的按摩
建議，並且解答八大常見的性愛按摩疑問，讓你和愛
人常保好「性」情。

擄獲芳心的調情聖「手」

親密按摩著重「在親密中放鬆身心」；挑逗按摩的要點則是「挑逗喚醒全身的感官」；而性愛按摩是要你「一緊一鬆，高潮疊起」。你必須學習享受在這些觸摸的藝術與樂趣當中，讓這些脈動注入你的血液裡，接著手一提，就能舞出一段優美的身體節奏了。

明白各種按摩的步驟與手技之後，我想要提醒你先別急著進入性愛按摩的階段，在那之前練習親密按摩手法是很重要的。它能改變你雙手的柔軟度，也能改變你對待身體的方式。在此之後，當你為愛人獻上性愛按摩時，將會用新的視野看待對方的私處，也會有一雙能夠充分傳達你的愛意的靈指巧手，而不再是橫衝直撞的小伙「指」。

　　什麼時候用親密按摩，要用多久？什麼時機運用挑逗按摩？性愛按摩的暖身又該暖多久？這些可以讓按摩經驗更順暢的祕法，在以下章節中將跟你分享更多，幫助你學會將親密按摩和挑逗按摩運用到生活裡，時時刻刻練習，上床時才不至於害羞到軟趴趴。所以，用點心，用力學喔！

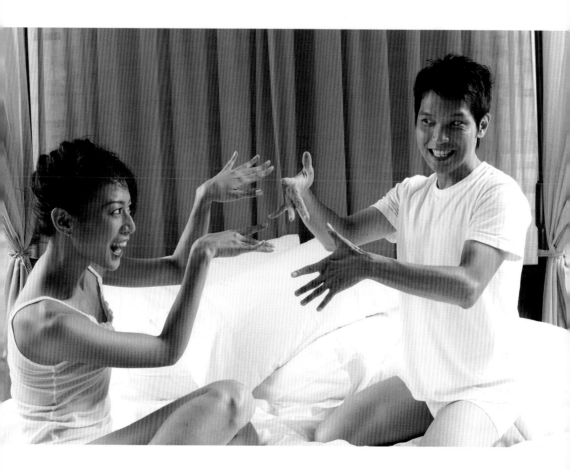

印度風「譚崔按摩」與中國風「道家按摩」

除了身體功能治療領域，性愛按摩在西方世界裡也被運用在更深層的療癒效果──身心靈的全面照顧。

目前的性愛按摩在民間已悄悄轉型搭上了「瘋亞洲」的潮流，結合「道家」和「譚崔」的修煉術，搖身一變成了中西文化合併的「譚崔性愛按摩」（Tantra Erotic Massage，或簡稱譚崔按摩）和「道家性愛按摩」（Taoist Erotic Massage，或簡稱道家按摩）。

「譚崔性愛按摩」和「道家性愛按摩」有許多相似之處，這兩個今日盛行的性愛按摩技術，在實際操作上並無法全然的劃分，兩者都有儀式性的開場，例如：心輪和腹輪、眉輪和腹輪、心輪和海底輪的連結，就是用雙手放在胸口和腹部、眉心（額頭）和腹部、胸口和性器官的部位，作為連結的示意動作。

在身體的概念上，前者把身體當作靈魂的殿堂，如果你也想玩這一套規則，那就要打從心底認為：不論是他的或你的身體都值得被尊敬、被認真對待，所以「譚崔性愛按摩」強調兩人的身體接觸時，必須輕柔的對待全身上下每一寸肌膚；而「道家性愛按摩」則著重全身氣場與性能量的通暢與循環，強調呼吸與調息（單人的或雙人一起都可以）可以增強身體的性能量。雖然「譚崔性愛按摩」在儀式上也有喚起性能量的手法，但是著重的是「喚起與提昇」的概念。

學習不強求

這兩種新型態性愛按摩的誕生，很適合追求「慢活」的現代，生活講求緩慢快樂，性愛也講究細細品味。在我多次學習觀摩、體驗並實際去執行這些新世紀的性愛按摩之後，覺得這兩者確實有身心療癒的效用，但在普遍實用上卻有它的侷限和不便利之處。

例如，「譚崔性愛按摩」有賴環境氣氛的培養與創造（一旦環境不是像神聖的殿堂，兩人身心裝扮不太像女神與神祇──烏瑪與濕婆，就少了味道，提不起勁了）；而「道家性愛按摩」則有賴長期的身心修煉（打通任督二脈、個人體內的陰陽調和、五行平衡等），如果不是修行人可能無法做到。

因此，當這兩派按摩手法的擁護者不斷地強調身心靈整合的神奇妙用，我就愈懷疑要花多少的歲月和靜心修行才能達到那種境界。在情場上、在身體工作上，這麼多年的實踐和反思經驗告訴我，這種事情還是要看緣分、不強求。不過，透過按摩讓身體爽、讓關係更親密，這是一定要的啦！

Chapter 2
十個特優按摩情境教學

對於使用性愛按摩的時機感到不確定嗎？別擔心，我們將提供最適合施展身手的情境，並且幫助你鋪陳好劇情，別怯場、別害怕不能掌握狀況。當時機來臨時，只要用你的愛來創造屬於你們兩人美好經驗即可。

十個按摩情境與應對之道

依照情景、特殊時機以及愛人的身心狀況，以下提供十個常見的情境供你參考。

情境一：**早安摸摸**

早上起來為愛人準備一頓早餐，端到他面前叫醒他的獻殷勤作法已過時了，新作法就是讓雙手緩緩觸踫對方的身體，為他獻上高級的按摩，按摩他的身體，讓他在你的手指下甦醒。親密和挑逗按摩都用得上，氣氛適合的話，再多一道性愛按摩也無妨，今天要過得朝氣十足就靠你的雙手啦！

情境二：**慢舞熱浪**

　　施展按摩的絕技不用一定要躺在床上，放個音樂，站著也行。邀愛人一同舞出雙人慢版華爾滋，除了在他背部上下其手，還可攻陷他的前胸和私密處，讓一切盡在不言中，因為你的小嘴還能有其他用處，可以輕輕咬、吻、舔，慢慢地品嘗愛人的身體。

情境三：**來店驚喜**

　　一成不變的環境容易讓人沒勁，只是家裡得裝潢布置要翻新很費工，所以家沒變，人可以變、心情變、髮型變、身上衣服也來個七十二變。不如來點角色扮演，把自己當店員，他回來進家門就等於顧客上門，客倌上門口袋裡有銀兩，當然就讓雙手用最熱情、最驚喜的方式歡迎對方，獻上你熱情滿滿的按摩吧！

情境四：**沙灘情人**

　　當你和愛人到海邊嬉水時，躺在沙灘上除了聊天看書外，為對方獻上一段親密按摩是再好不過了。在沙灘上的按摩可著重在背部和腿部，如果他的背部特別敏感，可別放過這個好時機，不論他是躺在沙灘

椅上（你可踩跪姿，高度剛好不會腰痠），或是在細沙上（細沙成為你膝蓋或屁股的最佳軟墊），相信你都能暢快地施展絕技。請參考Part2「親密按摩」（見第78-82頁）和「挑逗按摩」（見第110頁）中背部和腿部的手法。

情境五：午茶餐桌下

你以為高級餐廳裡的餐桌上蓋著一塊長長的布只是為了保護桌子嗎？其實是為了人們的隱私著想。要和愛人玩桌下調情遊戲，可得先把你的腳趾靈活度練好，不論抬腳或滑動時，都要配合長而綿密的吸氣。當你想畫圈圈時，試著憋一小口氣，下滑時再吐氣。腳趾玩夠了，桌上的手也別閒著，可以參考挑逗按摩章節裡的手法再用上幾招吧（請見第100-121頁）！

情境六： **浪漫情人節**

在處處充滿浪漫氣氛的這一天，你可以牽著愛人的手出去走一走，哪怕只是到樓下或隔壁的巷子。請你邊走邊回想挑逗按摩的影像，用你的手悄悄地用上幾招，逗他酥酥麻麻後回到家就是好時機了，要延續性愛按摩還是其他身體運動自行決定，反正都是不錯的做愛方式。

情境七： **快樂跨年**

這是一個百感交集的日子，一年的最後一天，也是下一年的新開始，心裡不免有感性的心情，又會有想慶祝的開心冒出來。兩人相擁在這一刻，是最佳的示愛時機，頭部的撫觸不可少，這是一種關懷的表現，可以讓他在你的懷裡，為他作出洗洗頭、小嬰兒摸摸的按摩動作，接著更多的親密接觸，愛人會沉醉在你的懷裡，享受滿滿的安全感。

情境八：**愛人遇瓶頸時**

　　具有親密性的按摩可以幫助我們自己渡過許多關係瓶頸，每天來個「愛的接觸」是維持關係緊密的最佳良藥。尤其是當你的伴侶正在經歷一段人生的關卡，或者是生活上重大的改變，他會感到不安和不確定性，如果你這時能夠適時地表示你的關心和了解，他將會因為感到愛而穩定下來，要達到這樣的效果，深情的觸摸可以幫你辦到。

情境九：**懷孕期**

　　許多人都擔心懷孕時期做愛會傷及肚裡的胎兒，如果換了性愛按摩這類新型態做愛方式就無須那麼擔心了。對男性而言，你的手會靈活地感覺到她的身體的變化；對女性而言，則可以藉這項活動滿足丈夫的性需求，讓他High翻天，也消弭了彼此心中對性的憂慮。

情境十：**更年期**

　　當我們的身體從青壯年期進入更年期時，對於親密關係的反應也會隨著年齡有所不同，當然也會隨著當下的狀況而有不同。我們要明白性愛按摩沒有一定會怎麼樣，結果也沒有一定會是一樣的。雖然更年期的女性分泌物較少，但依舊能享受到性愉悅快感，為她獻上整套性愛按摩，她將會感動到爆，只要你記得多買一瓶潤滑劑。

性學大師馬斯特與強生將性愛按摩推向療癒世界

現今，性愛按摩被公認是一種可以治療身心靈的有效方法，它能夠有現在的地位，功勞首推一九七〇年代的性學大師馬斯特（Master）和強生（Johnson）。

不碰觸性器官的性治療法

這對夫妻同心合力地發展出一套幫助性功能障礙者（不論男女）提高性慾、延長做愛時間的按摩技術。它是類似「感官按摩」（Sensual Massage）的觸摸方式，是親密按摩和挑逗按摩的結合，主要是教導伴侶專注在身體被觸碰的感覺上，除了性器官外，每個部位都要碰觸，這門科學技術被稱為「感覺集中」（Sense Focus）。

這套方法一直到現在都還被運用在醫療體系的性治療療程裡，我在國內外的性治療門診裡見習時，「馬和強」的身影可是隨時伴我行，無論走到哪，他們都會出現在影片中，只要一遇到早洩或無欲的案例，這一套方法就會被拿出來反覆練習。

在接受感覺集中術的治療期間，情侶們通常會有回家功課，大約是為期兩個禮拜的「作業」，這個回家功課必須只有一方當「接受者」或「被接受者」──今天你被摸，明天換我被你摸，主角更換由兩人決定。此外，它的規定像憲法一樣嚴峻，絕對不能碰性器官。這是很有趣的人性實驗，通常，這樣「被下禁令」的情況下，人們會有兩種反應，一是當乖乖牌的遵守步驟做下去，而結果可能有改善，也可能沒有；另一種反應是中途就落跑，因為愈禁忌愈誘人，禁令反而啟動了叛逆性格，不想做也變得想做了。

愛撫般的按摩

個別的性治療師也在這樣的療程中加入了自己的創意。譬如，美國有兩位執業醫師哈特曼（Hartman）與費西恩（Fithian）所設計的療程除了全身按摩，竟然有腳底按摩。把腳底按摩放入性治療的性愛按摩裡，乍看很無厘頭，其實這兩位治療師指的是腳底「愛撫」，也就是輕輕地撫摸和接觸腳底。因為他們實驗證明，男人會因為腳底的愛撫而非常快速的射精。哇塞，這真是不得了的發現，這一發現，又將性愛按摩推向更高竿的境界了。

如果你有跟著一起想像上述這些性治療裡的性愛按摩畫面，你會發現不論是馬斯特和強生的感覺集中，或是哈特曼與費坦的腳底愛撫，強調的都是「愛撫般的按摩」有增進性愛感受的功能。還有一點你不可不知，它們的手法有個重點：「緩慢比快速好」，因為放慢速度能讓人仔細去品味感覺，換句話說，這種安撫就是教人要「好好的品味身體感覺」，至於要如何品味就是箇中的巧妙了。

Chapter 3
六種不同目的的按摩建議

不管你學性愛按摩的目的為何，慢慢學、多練習，一定對你有幫助。如果你的目的正好跟我們提到的相同，那可真巧，因為我就遇到很多和你有同樣想法的人。所以先別急，以下有一些訊息建議你先看。

按摩的目的與建議

如果你打算在自己的安全窩裡送按摩禮，那麼請注意以下幾點：

目的一：**想增加情趣**

如果你們兩人正處於濃情密意的熱戀期，看過本書的你是個「準備好的人」，建議你快快建立兩人的美好回憶，好好享受整整三百六十五天的生活變化。本書的所有招式（親密＋挑逗＋性愛按摩）再加上你自己的創意，足夠讓你每個禮拜都變出新花樣了。

目的二：**要愛人忘不了你**

你可以卯足全力，將全套按摩全都用上。但奉勸男人，如果你是想利用這幾招成為她的最佳情人，請不要給自己的性愛表現給絆住了，勸你用樂趣取代表現，你的樂趣勾引她與你同樂的興致，那你就能滿足最欲求不滿的情人了。

至於女人，若你也是希望能用這招就抓住他的心，讓他離不開你，那你可要先讓自己開心點，第一要件就是找到這事的樂趣，你開心的臉，喜悅的神情，雀躍的身體再加上熟練的技法，就能達到自娛又順便娛人的雙重效果。

目的三：**喚起對方對自己的欲望**

生活久了，我們會對缺少熱情的親密關係感到失望，是時候換個方式做愛了。快放下書本為愛人進行按摩吧！從親密按摩開始，這可以讓對方馬上進入狀況。切記，第一次的按摩可以加入挑逗按摩，但重點擺在純粹的感官觸摸，尤其是男性請別馬上就把手伸進去東撈西攪。

請把這一場極親密的接觸當做一場遊戲，取悅對方的同時，自己也要感覺到享受，你的身體舒服了，對方也一定會感染到你的舒適感的。如果，對方還是沒有感覺，那麼我得告訴你，有時撫摸是否能讓人舒服並不只是手技而已，還關乎腦袋裡的狀況。

對方此時此刻的想法、情緒會影響身體的反應。肌膚是我們身體最大的性器官，同時，它也直接提供了我們去感受愛人身體情緒的線索，當你的手包覆住對方的手臂時，你會知道的，這時候靜心體會勝過一切——想想對方是不是對你有什麼抱怨？你是不是讓他感到不安？或許你也可考慮和專門處理親密關係的諮商師談談，進行一場伴侶治療（Couple Therapy）找出兩人之間的問題點。

目的四：要男人快一點高潮，因為性愛無趣

　　給男人的建議是，聽到這個原因別驚訝，有許多女人真的是為了這個目的而來學性愛按摩。放心，她們也不會因此而都不跟你做，只是想藉此換個方式做做愛。不過，不用擔心，女人的自省能力和理解能力很強，我教大家從性愛按摩中享受兩個人身體的節奏，重新喜歡你的身體。不是她們不愛你了，只是覺得經年累月的做愛慣例著實讓她們生厭，只想快快結束。所以當你的老婆為你獻上這一套苦學而來的手法，請盡量配合，放空你的思緒，敞開雙手迎接它，一起等待「轉機」的發生吧！

　　要給女人的建議是，請發揮女性純真的天性，擺出很開心做件事的模樣，把整套做完，讓他享受其中，他就沒力氣再和你做愛了，但代價就是，你的筋骨會很痠痛（就看你今晚選擇哪裡痛）。如果只想把做愛的時間速戰速決，可以在短暫手交後，加強「快槍手：快快－慢」的手技，包你馬上可以收工。

目的五：避免做愛腳痠的替代作法

　　有許多女人反應她不想繼續做愛是因為腳痠。為數不少的男人想體驗房中術的奧妙，遵循控制射精的練功術，因此持久、又持久，卻累壞了平常坐辦公椅、不運動的老婆。房中術能讓男人享受身體的另一層樂趣，也能保持身體能量運作，可是現在，保持好體力的方法多了一種選項，用手替換就是好辦法。女人學會了這一套，也曾多喜歡做愛．點了。

目的六：用來放鬆身體的緊張

　　有時指油壓的按摩方式真的很能放鬆身體，如果你的身體感覺很僵硬了，請先去找油壓師父，這樣不僅減輕你的痠痛，也減輕了愛人的手痛。如果你的身體真的很緊繃，可以試著泡熱水澡，但別讓對方在浴池中為你進行性愛按摩，因為性興奮的感覺需要你的肌肉緊張一點才辦得到。

Chapter 4
愛的Q＆A：
八大常見問題與錯誤

對性愛按摩有很多疑問嗎？我們列舉一些常見的問題，提供回答給你參考，如果還有不清楚的地方，也歡迎你再來信囉！

Q1：我好像一直弄痛他，真不知該怎麼辦？

A 請參考Part2第一章中親密按摩（見第74頁）的所有手法，練習手指的靈活度，記得節奏也很重要。將你的呼吸配合對方的呼吸，試著和他進入同步狀態，但或許你是注意力不能集中的人，那就直接和他溝通吧。

當然，一扯到性，溝通這兩個字會讓人倒胃口，但請你務必知道，想讓技巧突飛猛進，由他親口來告訴你他喜歡的是什麼，是最能達到這個效果的了。如果對方講話本來就很直接，所以他不敢講出真心話是因為怕誤解怕傷到你的心，那麼就請你教他說話的藝術。

譬如，你可以這樣教他：「如果我讓你覺得不舒服了，那請跟我說：『你兩分鐘前那樣讓我覺得好舒服……可不可以再做一次？』然後把我的手帶到那個地方做出剛剛那個節奏。」

Q2：我們是熱戀期的情侶，隨便蹓都會很享受、很High了，那還需要這些招數嗎？

A 這個問題不是在我的課堂上被提出來的，而是其他沒來上過課的人問的。事實上，來學習性愛按摩的人有半數以上和愛人正處於熱戀期，經常想給對方更多的驚喜，就連我當初學習動機之一也是如此。愛他，就想讓他獲得更多好的享受。做得到的，就願意做。

美國著名的心理學家傑克・莫林（Jack Morin）就曾鄭重建議大家最好在熱戀期為對方多做一般按摩或性愛按摩，因為兩人之間的熱情深度以及感情模式會在頭一年就形成，所以如果事先把自己準備到更好，就可以透過性愛按摩來建立兩人在一起更深刻的感覺形式，何樂而不為。

Q3：如果是一夜情的對象，適合用這套方法嗎？對方是會被嚇到，還是會對我印象深刻？

A 如果你是想要讓對方印象深刻，就這麼做吧！先決條件是，你有沒有把這套按摩搞熟了，當你已融會貫通，自然手到擒來。但請你記得，丟掉那個要讓對方（尤其是女生）達到高潮這件事，通常忘掉這個目標，反而都能達到。

善意的提醒你，如果把目標設定在「能夠帶給對方多大的樂

趣」，那你將會帶給對方回味無窮的快樂，她的情人（或過去的愛人）多半只會注意到她身上的四個部位：她的性感嘴唇、乳房、私處或是她的背部，與其愛撫同樣的部位，你不妨挑選其他部位，這本書的內容就夠你玩出變化多端的趣味了。

Q4：我要如何判斷女生達到高潮了？

A 這是個蠢問題！你那根在裡面的手指或陰莖絕對感覺得出來，會有收縮的現象，可是我為什麼說這是蠢問題呢？因為女人不會因為你帶給她一次高潮就永遠記得你，或是就覺得這次的性愛超級完美。相對的，女人不會因為沒高潮就認定這次性愛不滿足，滿不滿足在於你有沒有給她「樂趣」，讓她從這次的性愛中，感受到無止盡的樂趣，她才會回味無窮，請綜合看上一題的回答。

Q5：這個方法是不是可以讓我女友達到多重高潮？

A 對女性身體而言，只要你能善用這個機會（性愛按摩）好好地對待她的身體，是的，她會有很高的機率得到綿長又多層次的高感官享受。但希望你送這個禮物時，不只是期待這件事的發生，如果你把性愛按摩這項情愛活動當作注入你和她關係中的「新元素」，那麼，我肯定你這麼做以後的結果將具有很大的威力，這威力會在你和她的生活互動中流竄。

Q6：我可以透過性愛按摩讓我的男朋友體驗到多重高潮嗎？

A 如果你把這項活動當作遊戲般的樂趣，多次嘗試，是的，你會有很高的機率陪著他體驗到難得的多層次高感官享受。只要他在高潮前時時刻刻正確收縮PC肌，就能完全壓下他的射精動作，而達到一次又一次的高潮，通常第一次高潮最有力，但那只是個開始而已，如果他能體驗到二到七次的多層次高潮感覺，他的全身肌肉也夠緊張了，這個時候就可以放過他，讓他射精。你不用擔心這樣的緊縮會讓他無法射精，只要他放鬆所有緊張的肌肉，就能順利射精了。

Q7：我們都期待可以透過性愛按摩讓我有高潮，萬一試了以後我還是沒辦法高潮，怎麼辦？

A高潮的缺席暗示我們需要更留意自己的身體和情緒的平衡。如果不是因為服用了藥物（如抗憂鬱劑）、為工作和家庭的壓力而降減了身體欲望，或是身體受傷（例如骨盆、陰部神經受傷）影響了身體感受，我認為你可以試著放鬆自己（當然也要邀請愛人放鬆他的心情），把這場活動當作遊戲玩。

有許多練習過性愛按摩的學員們，她們都非常同意「開心」很重要，就連我自己的經驗也是如此，高潮迸起與否關乎我當日的心情。有一位學員跟我說：「我和他生活在一起並非和諧到完全不吵架，但是當身體隨著柔和的能量脈動著，會感覺到非常放鬆，和愛人、宇宙的連結還有覺察力反而更強了。」簡單來講，就是和伴侶的心結化開，願意連結的心更開闊了，很多心裡的不愉快在這一刻已不重要，漸漸消失了，反而因此建立了多一次的愉悅經驗，兩個人、兩個靈魂、兩個身體因此多了一層愉悅記憶。

因為當身體底層的歡愉湧入腦門時，身體還能清楚地感受到快樂能量的充滿，也能感受到全身有節奏的脈動，那是一種身體和意識平等共處的平靜感受，你對已習慣的身體和那雙手（那個伴侶）的意識會從此改變。很多靈修瑜伽以及學習氣功修行的人有這種感受，得要修行很多年，如果透過按摩就能讓你有機會體驗到這麼深刻的感受，那可真是划算呢！

Q8：如果這一套性愛按摩我玩久了、膩了，還有什麼可以玩？性愛的玩法變來變去，還能怎麼變？最後都變成無聊，還能追求什麼？

A性愛按摩可以被你拿來作為「變化性愛方式」的工具之一，可以成為你為感情加料的新菜色之一。如果只是追求性的刺激與興奮，那麼就需要不斷地創造「新鮮感」，調情、挑逗能帶來的就是「新鮮感」，所以你可以多嘗試挑逗按摩的變化式，朝這個目標再持續創造你的調情元素。

如果你追求感覺上的「滿足」，這其中的意義很多，性滿足是一種，而性的滿足裡又包含了「感情與親密」的滿足，透過承諾、信任和交流，你的滿足感會提高，那就朝這方向努力，親密按摩亦能增加親密的感受，試過了就知道。

再不然，你可以試著追求「靈性的提昇與修行」。就如同許多將房中術／譚崔術當作養身術的愛用者在過的生活一般，試試看這些和性互動扯上關係、卻又著重靈性修養的生活態度，或許你能獲得平靜感覺而找到終點。

更多性愛按摩課程與訊息哪裡找？

看完了性愛按摩，現在的你是不是心癢癢、躍躍欲試？在歐美，性愛按摩技術已經被為數不少的按摩師廣泛的使用，在「肉體禪」（Sensual Zen）和「女神聖殿」（Goddess Temple）這個兩個網站，就可以找到美國境內、加拿大、澳洲、歐洲各地的譚崔和道家性愛按摩師的連絡資訊。

☆「肉體禪」網址：http://sensualzen.com/
☆「女神廟」網址：http://www.goddesstemple.com/godessestext.htm

更多國外性愛按摩學校

當然，如果你想要學會怎麼做，把這種好東西帶回家和愛人享受，不妨選擇工作坊型式的培訓體驗課程。在國外，除了專業按摩師提供的服務，也有很多機構聘請專業師資開設工作坊，讓一般人也可以學習各種性愛按摩，然後外帶回家和另一半分享。前往學習的也不乏暫時單身的人，一方面是先學起來以備不時之需，另一方面呢，這些按摩都可以「單人起舞」，自己對自己做也是很讚的。這些大大小小的訓練機構在現今已多到無法細數，以下列舉幾個著名的民間組織。

國外性愛按摩學校推薦表

名稱	地點	特色
「倫敦譚崔聖殿」（The London Tantric Temple）	英國	空間華麗，無論男女皆能安全地、不受干擾地享受被女神（或被當作女神的）服務，讓人從直接的體驗中，學習如何回家對付那個人。只是享受的費用頗為高貴，兩小時三百英磅（約一萬八千元台幣），果然延續了皇宮貴族的灑錢價。 ☆網址：http://www.tantricmassagelondon.net/
「玉蓮譚崔」（JadeLotus Tantra）	澳洲	被稱為澳洲唯一一個被性學家認可專業保證的譚崔性愛按摩單位。除了提供譚崔性愛按摩的教學指導外，還有教導跳「譚崔舞」（Tantra Temple Dance，或稱女神之舞）。 ☆網址：http://www.jadelotustantra.com/
「譚崔世界」（Tantraworld.com）	捷克	可以在浪漫的氣圍下學習譚崔性愛按摩。 ☆網址：http://www.tantraworld.com/
「譚崔聖校」（Durga School of Tantra）	南非	規模超大，這個新學校在大城市裡引領了性愛按摩的高貴風潮。 ☆網址：http://www.durgatantraschool.co.za/

名稱	地點	特色
「狂喜生活中心」 （Institute for Ecstatic living）	美國	世紀新型態性愛按摩在美國的普及率可是居世界之冠，五十二個州都有。「狂喜生活中心」為其中最知名且活躍的單位之一。 ☆網址：http://www.ecstaticliving.com/
「身體動力學校」 （The BodyElectric School）	美國	較為平民化的「身體動力學校」，透過各種身體活動（包括性愛按摩的接觸方式）讓參與的人覺察到自己身體的能量，還要能全身心的接受自己的愛欲，課程帶領人也會利用一些小型活動（例如對身體的讚揚，用臀部和陌生人打招呼）瓦解人與人之間的疆界，也讓已是情侶的兩個人在活動中親密感倍增。 ☆網址：http://www.thebodyelectricschool.com/

「譚崔舞」是釋放身體的內在女神的一種神聖舞蹈，它的舞蹈型式主要是模仿古印度的神話裡的眾神舞姿，即女天神（Shakti）跳給男天神（Shiva）看的舞蹈，舞步則是結合了傳統肚皮舞、能量舞（Chakra Dance）、拙火舞（Kundalini Dance），它標榜跳了以後「可以自我覺醒，並且喚醒能量中心，平衡心智，並且像女神那樣，充滿能量」（Nina老師曾經跟著跳了一小段，舞畢還真的會讓人有波濤洶湧的愉悅力量呢）。

特別要推薦的是美國的「身體動力學校」，他們成立至今有二十五個年頭了，經常舉辦美國東西岸的聯誼活動，現在勢力也擴及澳洲，在澳洲和紐西蘭地區已有分部。參加過他們的活動的朋友都說很容易就會感染到活動裡的歡樂氣氛，聽說，心情悶時上那兒走一遭，保證心花怒放。只是花費也不便宜，兩天活動約三萬台幣，還不包吃住和機票。

這些學校和課程受人喜歡，教學內容都巧妙地將新品種的「性愛按摩」融入了當地文化，讓參與的人在開開心心的歡笑中習得閨房情事，然後把滿滿的喜悅外帶回家慢慢享用，這對於想要解放自己、追尋快樂的現代人來說是一大福音，怪个得這些人人小小的工作坊愈來愈多，課程也愈上愈有趣。

我們為你準備的禮物

以性愛按摩喚醒全身性愛觸感的力道是「天殺」的讚！

一般作愛時，通常都是對乳房、臀部、性器官抓摸一陣就性交，這種性愛好像按表操課，有固定模式、固定姿勢，出錯機率不會太高，但是久了、厭了，性愛感官也疲乏了。每次除了體驗性器官被摩擦的感受外，全身沒有太多感覺存在，甚至連性器官的感受都讓人乏味，空虛感也吹氣球一樣，一天比一天大，大到快到爆炸。

幸好，性愛按摩可以喚醒全身性愛觸感，讓觸覺神經全面動員，整個身體都會很興奮、很舒服，最重要的是，覺得自己被全面關愛。這不是你換髮型、換情趣內衣，甚至跳猛男舞就可以做得到的。試過便知道「不用再擔心射不射，不用再顧慮裝不裝」，多暢快啊！

性愛按摩的好需要你實際去體會，但切記，每種按摩都有它重視的基本方向和手法，而性愛按摩最重要的是跟伴侶共創、找到最適合彼此的按摩，成為舉世無雙的私密服務。

既使你私下練習了很多次，上場實際執行時順序變了、手法換了都沒關係，因為你會發現，你和愛人的互動在這過程中已經改變，真正能享受彼此身體的觸摸了。這就是性愛按摩可以帶給你的最大禮物。重點不是在於你學了多少，而是你享受到了什麼，技巧只是改變的「過程」。如果你還創造出自己的技法，那就更棒了。

　　所以，當你合上這本書時，就可以忘掉所有的招式（先決條件是你已有一一練習過）。你會發現，你的手和你的心已經完全改變了。

　　好好地為你的愛人獻上一場深情按摩吧！瞭解愛人的身體、學習享受性愛按摩的施與受，讓這場深度的觸碰成為你們親密溝通的媒介，你和愛人的關係將會更加堅固、更令人回味。

　　這是我為你們準備的禮物。它的傳遞，須要透過你的手、你的心。

　　準備好了嗎？請用你的手去探索這世界，你會開始享受在觸碰愛人，愛人也會陶醉在你的碰觸裡。

國家圖書館出版品預行編目資料

手愛：獻給親密愛人的性愛按摩圖解指南／陳羿
茨作 —— 初版 ——〔臺北縣〕新店市：十色出
版；臺中市：晨星發行，2008. 11
　面；　　　公分. ——（十色Sex系列；11）
ISBN 978-986-84709-8-9（平裝）

1. 性知識

429.1　　　　　　　　　　　　　97018431

十色Sex 系列　11

手愛：獻給親密愛人的性愛按摩圖解指南

作　　　者／陳羿茨
總 編 輯／林獻瑞
特約主編／呂明芳
攝　　　影／顏甄儀
插　　　圖／何季澄
美術設計／許紘捷、黃瑞茵
模 特 兒／壯壯、小禾、Candy、Eric
場地贊助／薇閣精品旅館新竹館

出 版 者／十色出版事業有限公司
　　　　　新店市231北新路三段82號11樓之4
　　　　　電話：02-8914-5574　傳真：02-2910-6348
負 責 人／陳銘民
發 行 所／晨星出版有限公司
　　　　　台中市407工業區30路1號
　　　　　電話：04-2359-5820　傳真：04-2355-0581
　　　　　E-mail：morning@morningstar.com.tw
　　　　　http://www.morningstar.com.tw
郵政劃撥／15060393　戶名：知己圖書股份有限公司
法律顧問／甘龍強律師

總 經 銷／知己圖書股份有限公司
　　　　　(台北公司)台北市106羅斯福路二段95號4樓之3
　　　　　電話：02-2367-2044　傳真：02-2363-5741
　　　　　(台中公司)台中市407工業區30路1號
　　　　　電話：04-2359-5819　傳真：04-2359-7123

承　　　製／知己圖書股份有限公司　電話：04-23581803
初　　　版／2008年11月15日
初版12刷／2012年10月22日
定　　　價／360元

ISBN　978-986-84709-8-9